Klaus Schmidbauer

Professionelles Briefing – Marketing und Kommunikation mit Substanz

Damit aus Aufgaben schlagkräftige Konzepte werden

BusinessVillage
Update your Knowledge!

Klaus Schmidbauer

Professionelles Briefing –
Marketing und Kommunikation mit Substanz
Damit aus Aufgaben schlagkräftige Konzepte werden
Göttingen: BusinessVillage, 2007
ISBN: 978-3-938358-26-9
© BusinessVillage GmbH, Göttingen

Bezugs- und Verlagsanschrift

BusinessVillage GmbH
Reinhäuser Landstraße 22
37083 Göttingen

Telefon: +49 (0)5 51 20 99-1 00
Fax: +49 (0)5 51 20 99-1 05
E-Mail: info@businessvillage.de
Web: www.businessvillage.de

Layout und Satz

Sabine Kempke

Bestellnummern

PDF-eBook Bestellnummer EB-549
Druckausgabe Bestellnummer PB-549
ISBN: 978-3-938358-26-9

Inhaltsverzeichnis

Über den Autor

Klaus Schmidbauer studierte Ende der siebziger Jahre Betriebswirtschaft und arbeitete bei einem großen Musikkonzern. Danach zog es ihn nach Berlin. Dort lebt und arbeitet er seit 20 Jahren als freier Konzeptioner für Unternehmens- und Marketingkommunikation. Im Laufe der Jahre sind mehrere hundert Konzepte für Unternehmen, Agenturen, Verbände und öffentliche Institutionen in ganz Deutschland entstanden.

Im Rahmen seiner Konzeptionsarbeit gehören Briefings zur täglichen Arbeit, so selbstverständlich wie für einen Piloten Start und Landung. Dennoch sind für ihn Briefings nie zur Routine geworden, denn sie laufen jedes Mal anders und stecken voller Überraschungen.

Neben der Arbeit als freier Konzeptioner gibt Klaus Schmidbauer seine Erfahrungen regelmäßig an andere weiter. Er ist Honorarprofessor an der privaten Fachhochschule UMC Potsdam und Dozent an der TU Berlin. Außerdem trainiert er die Kommunikationsabteilungen deutscher Unternehmen in der konzeptionellen und kreativen Planungsarbeit.

Und wenn es seine Zeit zulässt, dann schreibt er nebenher an einem Fachbuch. Der vorliegende Praxisleitfaden zum professionellen Briefing wurde in den Sommermonaten 2007 fertiggestellt. Der Autor hat ihn wie eine Reportage aus seiner Praxis gesehen und zu Papier gebracht. Lesen Sie selbst!

Kontaktdaten des Autoren:

Klaus Schmidbauer
E-Mail: klaus@schmidbauer-berlin.de
Website: www.schmidbauer-berlin.de
Weblog: www.konzeptionerblog.de

Einstieg ins Briefing – Gut gebrieft ist halb gewonnen

Warum Briefings über den Erfolg entscheiden

Ganz gleich welche Branche und welche Produkte, alle Märkte sind heutzutage ständig in Bewegung, ihre Grenzen fließen und verändern sich. Der Wettbewerb nimmt zu und wird aggressiver. Gleichzeitig wandeln die Kunden ihre Vorstellungen und Verhaltensweisen. Es gibt kaum noch stabile Rahmenbedingungen.

Die hohe Dynamik schraubt die Anforderungen an die Marketing- und Kommunikationsarbeit laufend in die Höhe. In der Folge wird es für Unternehmen zunehmend gefährlich, nur mit reinen Bauchentscheidungen auf anstehende Probleme zu reagieren oder bequem die erfolgreiche Vorjahresplanung aus der Schublade zu holen und im neuen Jahr mit kleinen Änderungen zu recyceln. So driftet man eher früher als später in die falsche Richtung ab und verliert den Anschluss. Deshalb wird im Marketing- und Kommunikationsbereich das konzeptionelle Arbeiten mit strategischer Weitsicht immer wichtiger. Langsam aber sicher setzt sich die Erkenntnis durch, dass es besser ist, zu analysieren und systematisch nachzudenken, bevor man die nächste Produkteinführung, Imagekampagne oder Promotionsaktion startet. Durchdachte Lösungen sind gefragt – und als sichere Startrampe für solche Lösungen braucht es unbedingt ein professionelles Briefing.

Briefings entscheiden, wo es langgeht. Sie legen die Richtung für ein anstehendes Konzept oder eine strategische Planung fest. Mit dem Briefing stellt der Auftraggeber die Weichen und setzt den Auftragnehmer auf Schiene. Es hat katastrophale Folgen, wenn der Auftraggeber die Weichen falsch gestellt hat. Die gesamte Planung droht unter die Räder zu kommen!

> *Der Anfang ist die Hälfte des Ganzen.*
>
> Aristoteles

Aus diesem Grund wäre es leichtsinnig, um nicht zu sagen fahrlässig, mal eben ein Briefing aus dem Ärmel zu schütteln und zwischen Tür und Angel abzuhandeln. Folgerichtig wird in Unternehmen nicht nur häufiger, sondern inzwischen auch viel gründlicher gebrieft als noch vor ein paar Jahren. Alle wissen, nur wenn der Input stimmt, ist am Ende ein optimaler Output zu erzielen.

Schlechte Briefings sind der Anfang vom Ende

Und wie sieht die Situation in Ihrem Unternehmen aus? Bekommen Sie vielleicht auch zuweilen die unangenehme Aufgabe gestellt, ein Briefing zu entwickeln oder ein vorhandenes Briefing zu beurteilen, ohne dass Sie genau wissen, worauf es dabei überhaupt ankommt? Möglicherweise hatte Ihr Chef im letzten Meeting in die Runde geschaut, den Blick auf Sie gerichtet und dann folgenschwer entschieden: *„Ich denke, das notwendige Briefingpapier zu entwickeln, das wäre die richtige Aufgabe für Sie."* – Bingo! Ihre Freude hält sich in Grenzen. Sie sind wahrscheinlich nicht der erfahrene Briefingprofi, der die Regeln schon im Blut hat und intuitiv erfasst, was zu tun ist. Klar, dass Sie sich jede erdenkliche Mühe geben, damit das Briefing gut wird. Schließlich geht es um die erfolgreiche Lösung einer wichtigen Aufgabe. Aber reicht das aus? Fast alle Briefings sind gut gemeint. Nur gut gemeinte Briefings sind eben noch lange keine guten Briefings.

Eine strategische oder kreative Konzeption kann nur so gut sein wie das Briefing. Diese Regel gilt – und sie ist unumstößlich. Sie ist quasi ein Naturgesetz des modernen Marketings. Schlechte Briefings zeichnen sich durch Lücken, Unschärfen, Verzerrungen und Missverständnisse aus. Schlechte Briefings kosten Planungszeit, Nerven und Geld. Kurz gesagt: Schlechte Briefings sind der Anfang vom Ende. Denn forscht man hinterher nach den Ursachen, warum ein Projekt oder eine Kampagne nicht richtig in Fahrt gekommen ist, dann lagen die Ursachen nicht selten schon in den Ursprüngen – also bei Fehlern während des Briefingprozesses.

Sie wissen, um die Folgen von Briefingfehlern? Aber Sie wissen nicht so genau, wie man professionell brieft. Sie fühlen sich sozusagen noch nicht richtig gebrieft, wenn es um das Briefing geht? Wenn das so ist, dann sollten Sie weiterlesen, denn das vorliegende handliche Buch hat nur eine Aufgabe: Es will Sie für Ihren nächsten Briefingeinsatz schlau machen. Es versteht sich als Briefing für ein professionelles Briefing. Sie bekommen eine handfeste Gebrauchsanweisung für die Praxis, die sich schnell erschließt und sofort umsetzen lässt.

Gebrauchsanweisung für Ihre Briefingpraxis

Das vorliegende Buch verzichtet auf diffizile Methodik und abstrakte Theorie. Sie bekommen einen Leitfaden an die Hand, der Sie Schritt für Schritt durch den gesamten Briefingprozess führt. Die Inhalte des Buches sind chronologisch quasi wie ein Drehbuch geordnet. Sie begleiten den gesamten Handlungsfaden des Briefingprozesses vom Einstieg mit der vorbereitenden Briefingplanung bis zum Abschluss durch das resümierende Debriefing.

Die Spannweite des Themas ist so breit angelegt, dass der gesamte Horizont der Briefingaufgaben in der Unternehmens- und Marketingkommunikation erfasst wird. Der fachliche Blick geht also über die Grenzen des klassischen Werbebriefings hinaus zu einer ganzheitlichen Sicht, die von Werbung und Public Relations über Direktmarketing und Verkaufsförderung bis zur Online-Kommunikation und zum Eventmarketing reicht.

Das „Briefing für ein professionelles Briefing" wendet sich an Neulinge, die zum ersten Mal vor dem Problem stehen, aber auch an „Gelegenheitstäter" und „alte Hasen", die immer mal wieder in einem Briefingprozess stecken und überprüfen wollen, ob sie alles richtig machen. Zum Kreis der Leser gehören:

Briefinggeber

Das Buch ist auf Mitarbeiter aus den Marketing- und Kommunikationsabteilungen von Unternehmen und Institutionen zugeschnitten. Die Tipps für das Briefing wurden bewusst so gestaltet, dass sie auch für Mitarbeiter ohne großen Abteilungsstab in mittelständischen Unternehmen und kleinen Institutionen umsetzbar sind.

Briefingentscheider

Gemeint sind Abteilungsleiter, Direktoren, Vorstände und Aufsichtsräte, die selbst keine Briefings verfassen, aber die entsprechenden Papiere lesen, beurteilen und freigeben müssen.

Briefingnehmer

Dazu gehören Agenturen und ihre Mitarbeiter aus allen Bereichen der Kommunikation. Sowie freiberufliche strategische Planer, Konzeptioner, Berater und Kreative, die als Auftragnehmer tagtäglich auf Basis von Briefings arbeiten.

Briefinganfänger

Zu dieser Gruppe zählen Assistenten, Branchenneueinsteiger, Volontäre, Praktikanten in Unternehmen, Institutionen und Agenturen, die das Geschäft des Briefings trainieren wollen.

Briefinglernende

Angesprochen werden nicht zuletzt Schüler, Studenten und Lehrkräfte von Fachschulen, Hochschulen und Weiterbildungsträgern mit entsprechender Kommunikations- und Marketingausrichtung.

Bevor Sie sich allerdings Schritt für Schritt durch den Briefingprozess lesen, sind als Einstieg die notwendigen Grundlagen zu bestimmen. In den nächsten Abschnitten lernen Sie schlaglichtartig alle Koordinaten kennen, die das Briefing bestimmen. Ganz am Anfang steht die Antwort auf die naheliegende Frage: *„Was ist überhaupt ein Briefing?“*

Definition: Einfach zu erklären, schwer zu realisieren

Was ist ein Briefing? Ein Briefing ist die gründliche und umfassende Information eines Auftraggebers an einen Auftragnehmer über alle Fakten, Hintergründe und Meinungen, die im Zusammenhang mit der gestellten Aufgabe und der gesuchten Problemlösungen von Bedeutung sein können.

Der Begriff Briefing kommt aus dem amerikanischen Militär und steht für eine kurze Lagebesprechung und den abschließenden Marschbefehl. Das Wort Briefing leitet sich aus dem Englischen von „brief“ also „kurz“ und von „to brief“ – also „instruieren, Instruktionen geben“ ab. In dieser Wortbedeutung steckt schon ein essenzielles Prinzip, das leider oft sträflich vernachlässigt wird. Ein gutes Briefing ist nämlich kurz, knapp und eindeutig. Auf dieses „Prinzip der Konzentration auf das Wesentliche“ nimmt das Buch immer wieder Bezug. Vergessen Sie nie: Die Kürze ist das elementare Erfolgsrezept für ein professionelles Briefing!

Zwar hat sich das Briefing aus dem Marschbefehl des Militärs entwickelt, dennoch ist ein professionelles Briefing weit mehr als eine stur zu befolgende Arbeitsanweisung. Jedes gute Briefing lässt Gestaltungsspielräume für den Ausführenden und gerade durch diese Freiräume entstehen inspirierte Lösungen, die volle Wirkungskraft entwickeln.

Arten: Drei Typen im täglichen Einsatz

Welche gängigen Arten des Briefings gibt es im Arbeitsalltag? Es lassen sich drei große Gruppen von Briefings unterscheiden: das strategische Briefing, das kreative Briefing und das operative Briefing (siehe Abbildung 1).

Abbildung 1:
Die Arten des
Briefings

Die drei Arten greifen alle auf ähnliche Briefing-werkzeuge und -mechanismen zurück. Aber in der Anwendung werden Sie schnell merken, dass sich Umfang, Struktur und Inhalte der Briefings erheblich unterscheiden:

Das strategische Briefing umreißt eine komplexe konzeptionelle Aufgabe

Bei dieser Art des Briefings soll für ein Marketing- und Kommunikationsprojekt mit strategischer Tragweite eine konzeptionell durchdachte Lösung erarbeitet werden. Das Strategiebriefing ist die mit Abstand komplexeste Art des Briefings. Man stelle sich vor, dass das Image eines Unternehmens durch eine Krise in Schieflage geraten ist und wieder aufgerichtet werden muss. Oder dass eine neue Serviceleistung einzuführen und erfolgreich am Markt zu positionieren ist. Das gründliche Nachdenken und systematische Briefen spielt bei strategischen Aufgaben eine entscheidende Rolle. Nachlässigkeiten sind gefährlich, denn ist das Briefing fehler- oder lückenhaft, droht ein gewichtiges Projektkonzept komplett aus dem Ruder zu laufen.

Das kreative Briefing beschreibt eine gestalterische Aufgabe

Hier hat der Auftraggeber bereits klare strategische Vorstellungen und braucht dafür zündende, kreative Ideen. Das klingt einfach und ist in der Praxis doch verdammt schwer, denn gute Ideen machen sich rar. Gebrieft werden Grafiker, Texter, Illustratoren, Fotografen, Filmemacher, Musiker – je nachdem. Sie sollen sich kreative Leitideen, Slogans, Logos, Anzeigen, Plakate, TV-Spots und andere gestalterische Maßnahmen einfallen lassen. Den Kreativen werden klare Vorgaben mit auf den Weg geben. Kreativer Spielraum bleibt, aber die strategischen Koordinaten sind gesetzt. In der Praxis ist jedoch immer wieder zu beobachten, dass die Kreativen in Marsch gesetzt werden, ohne dass es klare strategische Leitlinien gibt.

Das operative Briefing fixiert eine ausführende Aufgabe

Diese Briefingart hat am ehesten den Charakter einer Arbeitsanweisung. Der Auftraggeber erteilt einen konkreten Umsetzungsauftrag ohne große strategische und kreative Freiheiten. Zum Beispiel gibt ein Möbelhaus Briefinganweisungen für die am nächsten Donnerstag erscheinende Sonderangebotsanzeige. Oder ein Industrieverband beauftragt einen Eventspezialisten, den Begrüßungsempfang für eine hochrangige Wirtschaftsdelegation zu arrangieren. Oder ein Fußballverein lässt einen Handzettel für das anstehende Jugendturnier entwickeln. Es handelt sich immer um handfeste Aufgaben mit klar umrissenen Eckdaten.

Das vorliegende Buch legt seinen Schwerpunkt bewusst auf strategische Briefings, da diese Art des Briefings an Sie die höchsten Ansprüche stellt und ein professionelles Engagement unbedingt erforderlich macht. Kreative und ausführende Briefings werden angemessen einbezogen.

Aufbau: Ein Start in mehreren Schritten

Wie baut sich ein professionelles Briefing auf? Nachfolgend wird der idealtypische Briefingprozess chronologisch in sechs große Schritte unterteilt, die den sechs Kernkapiteln dieses Buches entsprechen (siehe Abbildung 2).

Sie müssen die Briefingschritte immer chronologisch nacheinander ablaufen lassen. Erst wenn der vorangegangene Schritt abgeschlossen ist, kann es weitergehen. Die Schrittfolge läuft wie folgt:

1. Schritt: Partnerwahl

Es ist zu entscheiden, ob interne oder externe Kräfte das Projekt übernehmen. Externe Partner müssen auf Eignung geprüft werden.

2. Schritt: Briefingplanung

Bei größeren Projekten und Aufgaben, empfiehlt es sich, die notwendigen Briefingabläufe zu projektieren, bevor es losgeht.

3. Schritt: Schriftliches Briefing

Die Aufgabenstellung und die maßgebliche Sachlage müssen in einer schriftlichen Instruktion klar und eindeutig festgelegt werden.

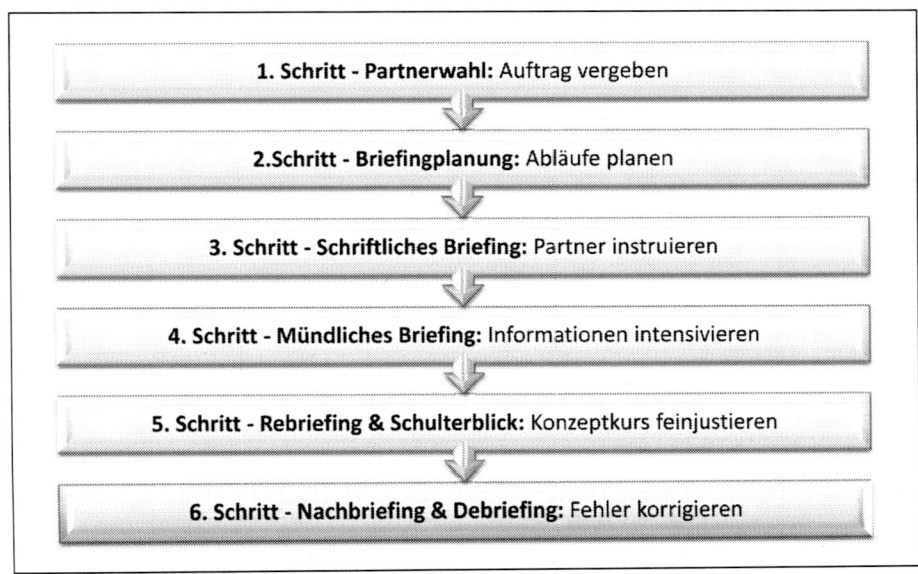

Abbildung 2:
Die Schritte des
Briefingprozesses

4. Schritt: Mündliches Briefing
Der Auftragnehmer bekommt die Chance, im persönlichen Gespräch das schriftliche Briefing zu hinterfragen und seinen Wissenshorizont auszubauen.

5. Schritt: Rebriefing und Schulterblick
Während der Planungsarbeit kann es für die Auftraggeber notwendig werden, noch einmal feinjustierend und korrigierend einzugreifen.

6. Schritt: Nachbriefing und Debriefing
Konzept und Projekt haben Stärken und Schwächen. Die Instrumente Nachbriefing und Debriefing geben eine sachdienliche *„Manöverkritik"*, damit der Auftragnehmer dazulernen kann.

Die Schrittfolge beschreibt die methodische Ideallinie. Auf den nächsten hundert Seiten folgt der Leitfaden dieser Ideallinie. Ganz klar, in der Hektik des Arbeitsalltags können Sie häufig nicht alle sechs Schritte in der erforderlichen Stringenz umsetzen. Das ist auch nicht erforderlich. In Zukunft sollten Sie vielmehr versuchen, sich an der vorgezeichneten Ideallinie zu orientieren und sie nie zu weit aus den Augen zu verlieren.

Beteiligte: Zwei Seiten in Interaktion
Wer ist am Briefing beteiligt? Pauschal gesagt, gehören zu jedem Briefing zwei Seiten. „Briefinggeber" ist der Auftraggeber, also das Unternehmen, das die Aufgabe für ein Projekt stellt und eine Lösung sucht. „Briefingnehmer" ist der Ausführende, der aus der Aufgabenstellung ein fertiges Konzept entwickelt. Der Briefingnehmer kann intern direkt aus Ihrem Unternehmen kommen. Sie wählen einen oder mehrere Mitarbeiter mit der nötigen Fachkompetenz aus, geben ihnen ein gründliches Briefing und lassen sie die anstehende Konzeption entwickeln. Wenn es um Marketing und Kommunikation geht, werden Sie aber oft auch externe Partner beauftragen und briefen – sei es eine PR-Agentur oder ein Grafikatelier, ein Textbüro oder einen freien Konzeptioner.

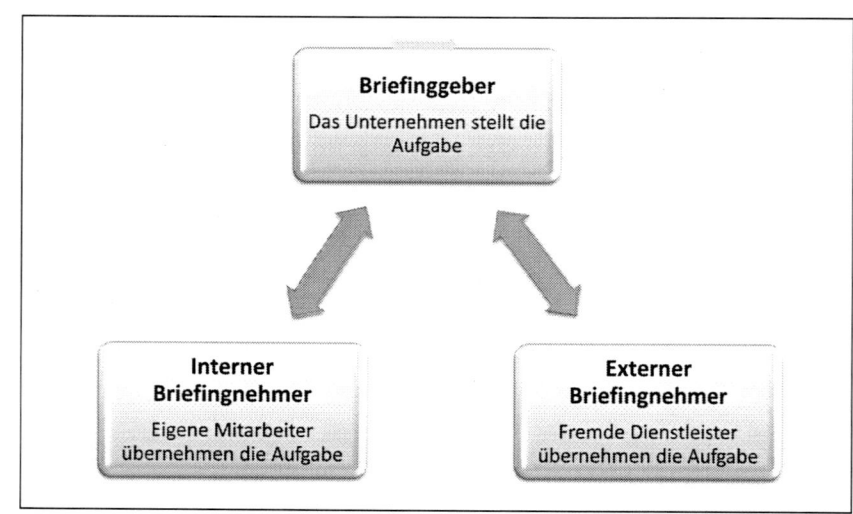

Abbildung 3:
Die Beteiligten
am Briefingprozess

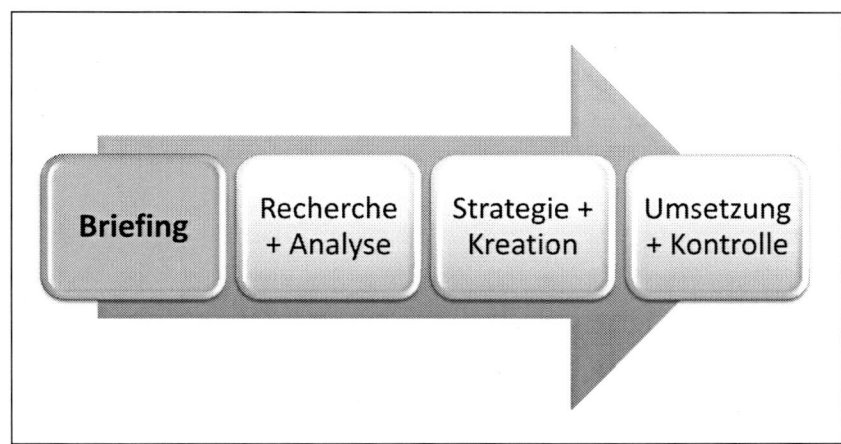

Abbildung 4:
Das Briefing innerhalb
der Konzeption

Bitte beachten Sie, dass das Buch, um eine einheitliche Erzählperspektive zu wahren, aus der Sicht der Unternehmen als Auftraggeber geschrieben ist. Die Inhalte sind aber so gehalten, dass auch die Auftragnehmerseite alle wichtigen Briefingregeln für ihre Arbeit wiederfindet. In den Brennpunkt der Auftraggeberseite wurde die Instruktion von externen Partnern gestellt, da dort die Anforderungen komplexer und die Probleme größer sind. Es wurde aber stets darauf geachtet, dass die zum Einsatz kommenden Briefingwerkzeuge, in leicht modifizierter Form, auch für das interne Briefing des eigenen Teams praktikabel sind.

Das Briefing ist ein Stück mit zwei Rollen, der Auftraggeber und der Auftragnehmer, der Briefende und der Gebriefte. Damit das Briefing funktioniert und nicht zum Drama wird, muss eine Partnerschaft zwischen den beiden Seiten aufgebaut werden. Man kann mit Fug und Recht sagen, ein Briefing ist eine Beziehungskiste. Auch wenn der Begriff Briefing aus dem Militärischen kommt, darf keinesfalls eine Situation von Befehlsempfänger und Kommandant entstehen. Sie sollten alles dafür tun, dass Ihr Briefing in einem Klima des Vertrauens stattfindet. Wie sagt der Volksmund: *„Die Chemie muss stimmen."* Bleiben beide Seiten auf Distanz und ohne gemeinsamen Draht, dann ist Vorsicht angesagt. Vielfach ist dem fertigen Konzept später die mangelnde Harmonie beim Briefing deutlich anzumerken.

Einordnung: In der Konzeption immer das Erste

Wo ordnet sich das Briefing im gesamten Konzeptionsprozess ein? Das Briefing steht ausnahmslos ganz am Anfang eines Konzeptions- und Planungsprozesses. Erst wenn das Briefing in trockenen Tüchern ist, können Sie die weiteren Planungsschritte folgen lassen.

Das Briefing ist als Auftakt fester Bestandteil jedes Konzeptionsprozesses. Es gibt den entscheidenden Anstoß für alle übrigen Schritte. Innerhalb der Konzeption schließen sich an das Briefing an:

Recherche und Analyse

In der Recherche überprüft und ergänzt der Auftragnehmer die Informationen des Briefings. In der Analyse konzentriert er alle gesammelten

Briefingfakten auf die entscheidenden Faktoren und definiert die Ist-Situation.

Strategie und Kreation

Auf Basis der Ist-Analyse werden die wichtigen strategischen Soll-Größen für die Strategie bestimmt – zum Beispiel: Welche Zielgruppen sollen angesprochen werden? Mit welchen Kernbotschaften bringt man sich ins Gespräch? Wie realisiert man die Alleinstellung gegenüber der Konkurrenz? Die Kreation nimmt zum Schluss die Fäden der Strategie auf und entwickelt einprägsame und spannende Gestaltungsideen.

Umsetzung und Kontrolle

Im dritten Planungsschritt werden, ausgerichtet an der Strategie, die geeigneten Marketing- und Kommunikationsmaßnahmen festgelegt und miteinander verknüpft. Die Kosten sind zu kalkulieren und die Zeitplanungen festzulegen. Außerdem ist zu fixieren, mit welchen Methoden und Mitteln sich der Erfolg des Konzepts überprüfen lässt.

Zeit: Früh, aber nicht zu früh einsteigen

Wann ist die richtige Zeit für das Briefing? Eine externe Entwicklung (zum Beispiel neue Konkurrenten, unzufriedene Kunden, steigende Marktpreise) oder eine interne Entwicklung (zum Beispiel Schließung einer Filiale, Erweiterung des Produktportfolios, Entlassung des Vorstands) lassen einen dringenden Handlungsbedarf entstehen. Dieser Handlungsbedarf wird im verantwortlichen Gremium (zum Beispiel Vorstandssitzung, Marketingmeeting, Kommunikationsrunde) erkannt, in eine konkrete Aufgabe übersetzt und als Projekt auf Schiene gesetzt. Mit dem Briefing wird die Konzeptionsphase gestartet und damit das Projekt angeschoben. Konsequenz: Ihr Briefing kann erst starten, wenn Aufgabe und Projekt formuliert und freigegeben sind. Frühstarts mit unscharfen Rahmenbedingungen sollten Sie vermeiden.

Auf der anderen Seite lassen sich Auftraggeber aber auch gerne allzu viel Bedenkzeit, so dass die Briefings zu spät erfolgen. Das Projekt wird erst auf Schiene gesetzt, wenn die Luft anfängt zu brennen. Plötzlich entsteht ein enormer Handlungsdruck. Alles muss schnell, schnell gehen. Das Briefing gerät in Zeitnot, der Auftragnehmer wird unter Druck gesetzt und muss mit Höchstgeschwindigkeit durcharbeiten. Darunter leiden natürlich die Ergebnisse.

Die Faustregel lautet: Gehen Sie möglichst früh ins Briefing. „Möglichst früh" heißt, sobald genügend Parameter bekannt und fixiert sind, um darauf ein Briefing aufbauen zu können. Je mehr Zeit für Briefing und anschließende Planungsarbeit vorhanden ist, desto höher wird die Qualität. *„Express-Briefings"* sind möglich, sollten aber nur im Ausnahmefall zum Einsatz kommen – wenn es gar nicht anders geht.

„Ein professionelles Briefing macht jede Menge Arbeit", stöhnen viele, wenn sie auf das Thema angesprochen werden. Dem kann man nicht widersprechen. Dabei ist die Zeit aber immer in Relation zum gesamten Konzeptionsumfang zu sehen: Die Briefingphase sollte innerhalb der gesamten Konzeptionszeit nicht mehr als 15 bis 25 Prozent der Zeit verbrauchen. Der zeitliche Aufwand entsteht in der Hauptsache nicht durch die Quantität, sondern durch die Qualität der Arbeit. Das Briefing muss sich auf das Wesentliche konzentrieren,

muss Spielräume lassen und zugleich auch klare Grenzen setzen – und das ist alles andere als mal so eben nebenher zu erledigen.

Vorteile: Mit Aussicht auf Erfolg

Wo liegen die Chancen eines professionellen Briefings? Es lohnt sich, dass Sie Ihr nächstes Briefing mit System angehen. Ein professionelles Briefing bringt Ihnen zwar erst einmal mehr Arbeit, aber unter dem Strich überwiegen die Vorteile:

Einfacher

Durch ein Briefing mit System bekommt Ihr weiterer Konzeptionsweg feste Orientierungsgrößen und die Arbeit wird spürbar erleichtert. Ein gutes Briefing ist wie ein Navigator.

Substanzieller

Durch die professionelle Nutzung der Briefingwerkzeuge lernen Sie, die Informationsquantität zu minimieren und gleichzeitig die Informationsqualität zu optimieren. Ihre strategische Plattform gewinnt erheblich an Substanz.

Fehlerfreier

Durch ein professionelles Vorgehen beim Briefing verringern Sie die Fehlerquote in der Informationsvermittlung. Das gibt Ihnen mehr Sicherheit und Sie gehen wesentlich entspannter durch den Briefingprozess.

Souveräner

Der Auftraggeber kennt seinen Kurs und kann den Informationsprozess besser steuern. Der Auftragnehmer gewinnt schneller Durchblick und fühlt sich sicher im Thema.

Erfolgreicher

Wenn der Input durch das Briefing stimmt, steigt die Wahrscheinlichkeit ganz erheblich, dass das fertige Konzept am Ende schlagkräftige Ergebnisse liefert.

Geschafft! Damit sind alle bestimmenden Koordinaten des Briefings beleuchtet. Sie sind im Thema und es kann losgehen. Die nächsten Kapitel weisen Ihnen Schritt für Schritt den richtigen Briefingweg und beschreiben unterwegs zahlreiche Weggabelungen oder Sackgassen.

Briefingerfahrungen

Aus einem Briefingtagebuch

Der PR- und Marketingleiter eines Beratungsunternehmens steht vor dem Problem, seine Agentur für das anstehende Kommunikationskonzept auf Kurs bringen zu müssen. Seine Erfahrungen hat er anschließend aufgeschrieben. Alle Ähnlichkeiten mit anderen Briefings und Konzeptionen sind keinesfalls rein zufällig, sondern voll beabsichtigt.

2. März

Unsere Firma EECT berät in allen Fragen der Energieeffizienz. Seitdem die Klimaschutzdebatte rollt, sind wir blendend im Geschäft. Bisher beraten wir nur Industrieunternehmen, aber künftig werden wir auch private Hauseigentümer ins Visier nehmen. Da keiner in der Firma Ahnung hat, wie man diese neue Zielgruppe erfolgreich umwirbt, wollen wir uns von einer Agentur ein durchdachtes Konzept machen lassen.

Heute hat mir ein ehemaliger Studienfreund eine kleine Werbeagentur empfohlen, die durch supergute Ideen glänzen soll. Kreativwerk heißen die. Ich habe mir gerade deren Website angeschaut und ich muss sagen, der Auftritt ist in der Tat sehr professionell gemacht. Da ich überhaupt keine Lust und keine Zeit habe, groß auf Partnersuche zu gehen, werde ich die Agentur gleich morgen anrufen und mir ein Bild machen.

7. März

Das Telefonat mit den Kreativwerklern letzte Woche war interessant. Die Leute haben was drauf, scheint mir. Weil wir lieber heute als morgen ins Hauseigentümergeschäft einsteigen wollen, habe ich auf einen schnellen Briefingtermin gedrängt – heute Mittag.

Es kamen zwei Herren, der Geschäftsführer im feinen Zwirn und ein Grafiker in stonewashed-Jeans. Die beiden trudelten eine halbe Stunde zu spät zum Briefing ein. Angeblich hatten Sie uns hier draußen im Gewerbegebiet nicht finden können. Aber nach diesem kleinen Patzer verlief das Gespräch ausgesprochen angenehm. Die Zwei bauten ihre dicke Referenzmappe auf und stellten vor, was sie schon so alles Kreatives erdacht hatten. Die Arbeitsproben wirkten überzeugend. Doch, doch, es hat mir spontan imponiert.

Anschließend war dann allerdings die Zeit ziemlich knapp geworden und ich konnte unsere Konzeptionsaufgabe nur noch in groben Zügen umreißen. Viele Fragen hatten die beiden ohnehin nicht, aber das kann ja noch kommen. Ich habe Ihnen auf jeden Fall ein Rebriefing angeboten.

14. März

Die ganze Zeit nehme ich mir vor, das Briefing noch einmal schriftlich zu Papier zu bringen und an Kreativwerk zu schicken. Nur irgendwie komme ich nicht dazu. Die Regierung hat die Energieeffizienz zum Schwerpunkt erklärt und seitdem steht bei uns das Telefon nicht mehr still. Aber eigentlich müsste der Agentur die Konzeptaufgabe ja auch klar sein, ich hatte die wichtigen konzeptionellen Koordinaten ziemlich deutlich dargestellt.

1. April

Kein Aprilscherz, aber die Kreativwerkler haben sich bis heute nicht gemeldet, obwohl ich ihnen ein Rebriefing angeboten hatte. Das kreative Schweigen war mir dann doch ein wenig unheimlich, deshalb habe ich gerade eben zum Telefon gegriffen. Ich hatte den Grafiker dran. Er hat mich beruhigt,

Briefingerfahrungen (Fortsetzung)

sie steckten mitten in der Arbeit und hätten bereits ein paar Superideen. Er deutete dann noch am Rande an, dass sie über eine Umbenennung unserer Firma nachdächten, weil unser Name „total öde" wäre, wie er sich ausdrückte. Ich gab ihm grünes Licht. An der Letternkette EECT hängen wir nicht besonders. Wahrscheinlich hat Kreativwerk recht, wahrscheinlich sollten wir wirklich über einen griffigen Namen nachdenken. Mir gefällt der Gedanke.

Ich habe dem Grafiker zum Schluss noch einen Schulterblick angeboten, aber davon wollte er nichts wissen. Es mache ihn nur nervös und zudem wäre vieles erst halb fertig. Na gut, das muss er selbst wissen, aber gespannt bin ich schon, was da an neuen Ideen kommt. Nächste Woche ist Konzeptpräsentation!

4. April

Heute, drei Tage vor der Präsentation, hat Kreativwerk überraschend angerufen und um eine Verschiebung der Präsentation gebeten. Sie hätten ein Virus im gesamten Grafiksystem und wären für zwei Tage völlig schachmatt gesetzt. Zwar brennt es auch mir unter den Nägeln, und zwar gewaltig, aber was soll man machen, ich habe der Agentur eine Woche Aufschub gegeben.

16. April

Die Stunde der Wahrheit! Will sagen, heute waren die beiden Herren von Kreativwerk bei uns zur Präsentation. Ich hatte unsere gesamte Chefetage eingeladen, an der Präsentation teilzunehmen und außer unserem Senior sind auch tatsächlich alle gekommen.

Diesmal stand Kreativwerk pünktlich auf der Matte, allerdings gab es Probleme mit der Technik. Deren Apple-Notebook wollte nicht mit unserem Beamer, der nur Windows gewöhnt ist. Wir mussten erst beim Nachbarn einen anderen Projektor organisieren, bevor es losgehen konnte. So was kostet Nerven.

Aber die Präsentation an sich lief toll. Es war wirklich ein kreatives Feuerwerk. Alle zwei Minuten wurde eine Idee abgeschossen. Wir haben alle nur so gestaunt.

Kreativwerk hatte tatsächlich einen neuen Namen auf Lager. Sie tauften uns „Die EnergieAgenten" und die gesamte Kampagne war im Agentenmilieu angesiedelt. Broschüre, Anzeige – alles im Kolorit - mit Schlapphut und Trenchcoat, sozusagen der Energieeffizienz auf der Spur.

17. April

Gestern war wenig Zeit, sodass wir intern gar nicht mehr dazu gekommen sind, unsere Präsentationseindrücke auszutauschen. Das wurde heute nachgeholt. Ich komme gerade aus der Sitzung. Uns haben die Vorschläge immer noch gut gefallen, aber irgendwie hatten wir alle so ein ungutes Gefühl im Bauch. Meine Assistentin Annika brachte es dann auf den Punkt: „Ich kann mir einfach nicht vorstellen, mich am Telefon mit „Die Energieagenten" zu melden. Ich käme mir doof vor". Da fiel es uns wie Schuppen von den Augen. Energieagenten? Das sind wir nicht. Das passt einfach nicht zu uns. Die Kreativwerkler hatten zwar tolle Ideen, sie haben uns aber irgendwie nicht verstanden. Ihre Präsentation war zwar kreativ, aber nicht konzeptionell, darin waren sich alle einig. Und ich armes Schwein darf den beiden Kreativen diese unfrohe Botschaft gleich morgen früh telefonisch überbringen.

18. April

Kreativwerk fiel aus allen Wolken, ich hatte es schon fast geahnt. Erst verteidigten sie ihre Agentenidee verbissen, doch als sie merkten, dass sie damit auf Granit bissen, schalteten Sie auf stur.

Briefingerfahrungen (Fortsetzung)

Sie wären von mir unvollständig und falsch gebrieft worden und da wäre es kein Wunder ... und so weiter und so fort. Da ich nichts Schriftliches hatte, konnte ich auch nicht richtig gegenhalten. Ziemlich unerfreulich das Ganze! Aber irgendwann bin ich dann am Telefon doch noch mein Nachbriefing losgeworden und die beiden haben versprochen, sich noch einmal zu versuchen.

3. Mai

Heute bin ich bei Kreativwerk vorbeigefahren, um die neuen Ideen in Augenschein zu nehmen. Was soll ich sagen, es ist alles Bockmist. Man merkt sofort, dass die Jungs mit Unlust zu Werke gegangen sind. Sie haben nur noch rumprobiert, mit Konzept hatte das alles wenig zu tun. Ehrlich gesagt, weiß ich nicht mehr weiter. So schwer hatte ich mir das nicht vorgestellt.

17. Mai

Heute kam die dicke Rechnung. Kreativwerk ist der Meinung, sie haben die Leistung erbracht und wollen jetzt ihr Geld sehen. Die Summe treibt mir Tränen in die Augen, zu mal ich bisher nur konzeptionelle Ergebnisse auf dem Tisch liegen habe, die für den Papierkorb taugen. Mir bleibt nichts anderes übrig, als da noch einmal anzurufen und Klartext zu reden.

4. Juni

Der Briefträger hat gerade die erste Mahnung von Kreativwerk gebracht. Per Einschreiben mit Rückschein! Nachher habe ich in dieser Sache den ersten Termin bei unserem Rechtsanwalt. Dumm gelaufen das Ganze!

1. Schritt: Partner auswählen – Prüfe, wer sich bindet

Nicht einfach, den Richtigen zu finden

Möglicherweise haben Sie Ihren Auftragnehmer bereits ausgewählt, vielleicht arbeiten Sie sogar schon lange mit ihm zusammen und es besteht ein solides Vertrauensverhältnis. Dann müssen Sie sich keine weiteren Gedanken zur Qual der Partnerwahl machen und können dieses Kapitel locker überfliegen.

Ansonsten stehen Sie jedoch gleich am Anfang vor der ersten größeren Hürde im Briefingprozess. Es wurde eine Marketing- und Kommunikationsaufgabe auf die Tagesordnung gesetzt, die kompetent und durchgreifend gelöst werden soll. Doch wie finden Sie den richtigen Partner?

Interne Wahl: Konzeption in Eigenregie

Zuallererst sollten Sie die Frage klären, ob der Partner aus dem internen oder externen Bereich kommt. Entweder übernehmen Kollegen aus dem eigenen Unternehmen die Aufgabe oder Sie geben einem externen Auftragnehmer den Vorzug.

Das interne Team ist natürlich die naheliegende Lösung. Deshalb sollten Sie zuerst die Vor- und Nachteile dieser Variante abwägen. Ob und wie stark die Plus- und Minuspunkte ins Gewicht fallen, muss spezifisch für die jeweilige Unternehmenssituation entschieden werden.

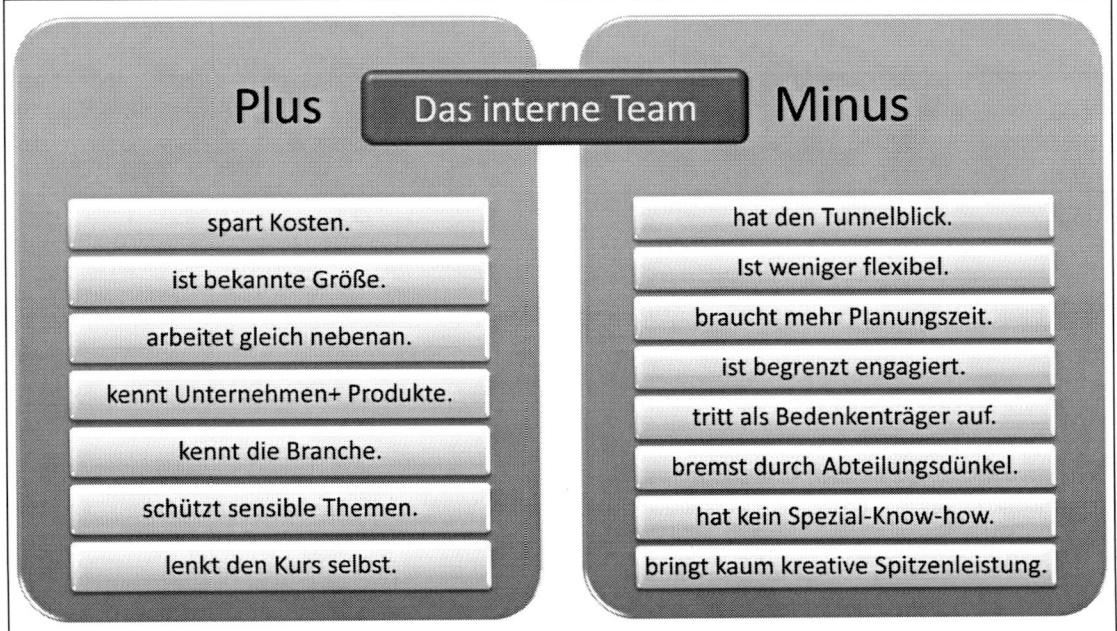

Abbildung 5: Die Vor- und Nachteile des internen Teams

Die Pluspunkte, die für eine interne Lösung sprechen, haben Gewicht. Man sollte sie gründlich prüfen. Nicht selten können die eigenen Kräfte Probleme effizienter lösen als externe Dienstleister:

Kostenersparnis

In aller Regel dürfte der Einsatz des hauseigenen Teams im Vergleich zum externen Dienstleister erhebliche Planungskosten sparen.

Bekannte Größe

Hinzu kommt, dass man das eigene Team gut kennt und einzuschätzen weiß.

Räumliche Nähe

Oft arbeiten die Kollegen nur ein paar Büros weiter und es lässt sich vieles mal eben auf Zuruf regeln.

Unternehmen bekannt

Das Team kennt das Unternehmen und seine Produkte, die spezifischen Stärken und Schwächen. Die Information fällt einfacher.

Branche bekannt

Die Mitarbeiter dürften auch Markt und Branche besser im Blick haben als ein externer Dienstleister.

Diskretion

Stehen sensible Themen auf der Tagesordnung, die nicht gleich an die große Glocke sollen, dann gewährleistet das eigene Team in der Regel mehr Diskretion.

Interne Lenkungsfunktion

Vor allem, wenn es um strategische Konzeptionen mit Tragweite geht, sollte es ein Gebot der Unternehmenskultur sein, dass der Kurs von den Verantwortlichen im Haus in Eigenregie bestimmt wird.

Auf der anderen Seite kann eine Reihe von Handicaps stehen. Sie sollten ehrlich mit sich ins Gericht gehen, einen kritischen Blick auf die interne Konstellation werfen und mögliche Minuspunkte bewerten:

Tunnelblick

Die Erfahrung zeigt immer wieder, dass die eigenen Mitarbeiter zu tief im Arbeitsalltag stecken und nur einen eingeschränkten Blick auf Unternehmen und Branche haben.

Weniger flexibel

Bisweilen fällt es den Kollegen schwer, flexibel und mit Hochdruck zu arbeiten. Sie orientieren sich am gewohnten Gang der Arbeitsabläufe und nicht an den aktuellen Projekterfordernissen.

Längere Planungszeit

Es gibt Unternehmen, in denen erst eine Genehmigung des Personalrats eingeholt werden muss, bevor für ein Projekt Überstunden gemacht werden dürfen. Eine Folge dieser und ähnlicher Hemmnisse ist, dass interne Briefings und Projekte im Schnitt eine längere Planungszeit benötigen.

Begrenzt engagiert

In manchen Unternehmen kommt hinzu, dass Mitarbeiter wenig engagiert in die Planungsteams gehen. Es braucht dann unbedingt einen motivierenden Teamleiter, der das Team in Schwung bringt.

Bedenkenträger
Zusätzliche Bremseffekte entstehen durch liebe Kollegen, die sich als Bedenkenträger profilieren.

Abteilungsdünkel als Bremse
Hin und wieder ist ein starres Abteilungsdenken anzutreffen, bei dem jede beteiligte Fachabteilung versucht, möglichst viel Einfluss innerhalb des Projekts zu gewinnen. Die Problemlösung rückt in den Hintergrund.

Mangel an Fach-Know-how
Je nach Aufgabenstellung kann den eigenen Mitarbeitern das nötige Spezialwissen für moderne Marketingstrategien und Kommunikationsinstrumente fehlen. Nur wenige sind beispielsweise sattelfest, wenn es um Web 2.0 oder Dialogmarketing geht.

Kaum kreative Spitzen
Ohne Zweifel können auch die Kollegen kreativ sein. Das wird vielfach unterschätzt. Dennoch erreichen sie selten die kreativen Highlights von freien Kreativen.

Wägen Sie ab und treffen Sie Ihre Entscheidung für oder gegen eine interne Lösung. Nachfolgend sei angenommen, Sie hätten sich für den externen Dienstleister entschieden. Wie geht es nun im Briefingprozess weiter?

Externe Wahl: Partner unter der Lupe
Wenn für Ihr nächstes Projekt ein ganz neuer Auftragnehmer gesucht wird, dann sollten Sie nichts dem Zufall überlassen. Die falsche Partnerwahl

kann zu immensen Reibungsverlusten führen, das Projekt kommt nicht voran und selbst das perfekteste Briefing hilft Ihnen in diesem Fall nicht mehr aus den Schwierigkeiten.

Bei kleineren Planungsaufgaben lohnt kein großer Aufwand. Vielleicht haben Sie bereits Kontakte und entsprechende Visitenkarten in Ihrer Schreibtischschublade. Oder Sie haben einen Bekannten, der mit Dienstleistern aus der Kommunikations- und Marketingbranche schon einige Erfahrungen gesammelt hat? Dann rufen Sie den Kollegen an, beschreiben Ihre Aufgabe und lassen sich einen Kontakt empfehlen. Danach rufen Sie kurzerhand den Kontakt an und laden ihn zu einem klärenden Vorgespräch ein. Wenn die fachlichen Voraussetzungen stimmen und Sie bei Ihrem Gegenüber zudem ein gutes Gefühl haben, dann ist der Partner gefunden – und Sie können in die eigentliche Briefingarbeit einsteigen.

Sobald es Ihnen bei größeren und komplexen Projekten auf bestmögliche Leistung des externen Partners ankommt, müssen Sie mehr Methode in die Auswahl bringen. Am besten Sie eröffnen ein Auswahlverfahren. Das ist durchaus branchenüblich. In der Kommunikationsbranche sind in diesem Zusammenhang auch häufig vollmundige Begriffe wie „Screening", „Beauty Contest" oder „Credential Presentation" zu hören. Alles halb so wild! So gehen Sie vor:

Zuerst werden Kontakte gesammelt. Aus der schon erwähnten Visitenkartensammlung in Ihrer Schublade, aus Empfehlungen von Kollegen und aus den Adressbeständen der entsprechenden Branchenportale im Internet (Adressenbeispiele im Anhang) suchen Sie sich zehn bis zwölf mögliche Dienstleister zusammen.

Dann treffen Sie eine Vorauswahl. Man kann inzwischen davon ausgehen, dass alle Dienstleister eine eigene Website haben. Sie klicken die Websites nacheinander durch und nehmen das Leistungsspektrum, die Referenzen und auch das subjektive Erscheinungsbild der Seiten unter die Lupe und sieben alle aus, die Ihnen nicht gefallen.

Screening: Klärende Gespräche mit Vergleichsmöglichkeit

Im nächsten Schritt führen Sie Vorgespräche. Etwa acht bis zwölf der Dienstleister laden Sie an einem Vormittag nacheinander zu einem halbstündigen Gespräch ein. Das Gespräch besteht aus drei Teilen à zehn Minuten:

- **Selbstdarstellung der potenziellen Partner** mit Philosophie, Leistungen und interessanten Referenzen.

- **Beispielhafte Fallpräsentation** bei der die Gesprächspartner einen mustergültigen Fall vorstellen und veranschaulichen, wie sie die Problemlösung angegangen sind.

- **Gemeinsames Gespräch** bei dem die ersten Eindrücke von Selbstdarstellung und Fallbeispiel vertieft werden.

In manchen Unternehmen ist es ratsam, die Entscheidung über den richtigen Auftragnehmer auf mehrere Schultern zu verteilen. Ist das bei Ihnen der Fall, dann sollten Sie die betreffenden Fachkollegen und Vorgesetzten in die Auswahlgespräche einbeziehen. Bereiten Sie einen Bewertungsbogen vor, der objektive Richtwerte für eine Bewertung setzt. Die „Jury" füllt nach jedem Gespräch den Bewertungsbogen aus. Das Bewerten muss unmittelbar nach dem Gespräch erfolgen. Sobald die Beteiligten vorher noch Kommentare, Kritiken und Lob austauschen, wird man naturgemäß von den gehörten Stimmen im eigenen Urteil beeinflusst.

Wenn Sie nun noch die Bewertungsbögen mit einem einfachen Punktsystem koppeln, dann braucht man am Ende der Gesprächsrunden nur die Punkte zusammenzuzählen, um den Favoriten zu ermitteln.

Welche Qualitätskriterien in die Bewertung einfließen, muss von Fall zu Fall auf die jeweilige Aufgabenstellung zugeschnitten werden. Ein Standardbogen für die Bewertung sieht etwa so aus:

	+2	+1	0	-1	-2
Branchenkenntnisse					
Strategische Kompetenz					
Kreative Ausstrahlung					
Hohe Beratungsqualität					
Interessante Referenzen					
Ausreichende Ressourcen					
Überzeugende Vorstellung					

Abbildung 6: Die Checkliste für das Screening

Der Bewertungsbogen sollte übersichtlich sein und sich auf die wesentlichen Kriterien konzentrieren. Um nicht zu kompliziert zu werden, dürfen Sie bei der Zusammenstellung nicht mehr als zehn bis zwölf Kriterien heranziehen. Die Checklistevon Seite 20 erfasst die in der Praxis gängigsten Merkmale:

Branchenkenntnisse
Kannte sich der potenzielle Partner in Ihrer oder in verwandten Branchen ausreichend aus? Oder war er ein völliges „Greenhorn"?

Strategische Kompetenz
Hat der Dienstleister mit seinem Musterfall bewiesen, dass er in der Lage ist, analytisch und strategisch zu planen? Oder erschien er Ihnen eher wie ein „Marketinghandwerker"?

Kreative Ausstrahlung
Blitzten in der Selbstdarstellung und der anschließenden Präsentation packende Ideen auf? Oder sahen Sie eher „Durchschnittskonfektion"?

Hohe Beratungsqualität
Griff der Dienstleister vor allem im abschließenden Gespräch beratend ins Geschehen ein und stellte sich auf Sie ein? Oder blieb er nur eine „graue Maus"?

Interessante Referenzen
Welche Unternehmen und Institutionen wurden als Referenzen genannt und was wurde für diese Auftraggeber geleistet? Oder haben Sie den Verdacht, dass die Referenzen nur „Potemkinsche Dörfer" sind?

Ausreichende Ressourcen
Kann der potenzielle Partner von der Größe des Unternehmens, der Kompetenz der Mitarbeiter und der Menge seiner laufenden Aufträge ihre Aufgabe zuverlässig und pünktlich bewältigen. Oder haben Sie es mit jemanden zu tun, der „nie Nein sagen kann" und „alles mitnimmt"?

Überzeugende Vorstellung
Wie war der Gesamteindruck auf fachlicher und auf menschlicher Ebene? Können Sie sich vorstellen, mit diesem Partner zukünftig zusammenzuarbeiten.

Weitere relevante Bewertungskriterien, die in Ihr Auswahlverfahren einfließen könnten, wären zum Beispielen die Preisvorstellungen des Partners, die Breite seines Leistungsspektrums, seine Einbettung in ein internationales Netzwerk oder die nicht unwichtige Frage, ob er womöglich bereits für einen Konkurrenten arbeitet.

Knackpunkt: Nicht immer sind Branchenkenner besser
Eine gewichtige, immer wiederkehrende Frage ist: *„Soll ich mich für einen Branchenprofi oder einen branchenfremden Partner entscheiden?"* Viele Unternehmen bevorzugen einen Auftragnehmer, der schon eine solide Branchenerfahrung mitbringt. Das kann goldrichtig sein, aber auch grundfalsch. Gehen Sie die Entscheidungsfindung zielführend an. Ein branchenerfahrener Profi erleichtert Ihnen das Briefing und auch alle späteren Planungs- und Umsetzungsschritte. Er versteht schneller, was Sache ist, bewegt sich auf Ihrem Terrain relativ sicher und tappt nicht gleich in jede Anfängerfalle. Das macht vieles einfacher

und Ihr Risiko wird minimiert. Jedoch hat ein solcher Branchenkenner auch einige Schwächen. Die Kenner haben nämlich oft schon alle Scheren und Schablonen der Branche im Kopf. Es gelingt ihnen einfach nicht mehr, richtig frei querzudenken und Innovatives zu entwickeln. Das könnte ein Problem sein, denn bekanntlich entwickeln gute Konzepte und Pläne hauptsächlich dadurch ihre enorme Durchsetzungskraft, dass sie gekonnt gegen den Strich gebürstet und ungewöhnlich gestaltet sind.

Sie sollten sich also vorher überlegen, wohin die planerische und kreative Reise gehen soll. Wollen Sie auf Nummer sicher gehen und mit wenig Aufwand eine solide Leistung bekommen, dann zögern Sie nicht und nehmen den Branchenprofi. Wünschen Sie sich endlich mal neue Ideen und wollen frischen Wind in Ihr Marketing bringen, dann fahren Sie höchstwahrscheinlich mit dem Branchenquereinsteiger besser.

Okay, jetzt können Sie eigentlich Ihre Wahl treffen. Warum zögern Sie noch? Sie sind sich nicht sicher, ob Sie den beschriebenen Auswahlprozess allein in den Griff bekommen? Dann sollten Sie sich umhören. Wahrscheinlich kennen Sie einige Fachleute, die mit Screening und Briefing schon viele Erfahrungen gesammelt haben. Bitten Sie diese, Ihr Unternehmen zu beraten. Ein „alter Hase" erkennt oft verborgene Stärken und blinde Flecken beim Auftragnehmer, die anderen verborgen bleiben. Die Berater können Ihnen zwar den Entscheidungsschritt nicht abnehmen, aber doch deutlich mehr Trittsicherheit geben.

Sonderfall Wettbewerb: Jeder Pitch braucht klare Regeln

Falls Sie sich entschließen, die Konzeption für Ihr Projekt im Rahmen eines Wettbewerbs zu vergeben, dann bringt das obige „Screening" noch nicht die Entscheidung, sondern engt lediglich den Kreis auf eine sogenannte „Short List" ein. Auf der kurzen Liste stehen die potenziellen Partner, die sich für den „Pitch" – das ist der Branchenbegriff für Wettbewerb – qualifiziert haben.

Die Auftragsvergabe per Wettbewerb hat allerdings in der letzten Zeit überhand genommen. Wie sagte neulich ein Kollege ziemlich ungeschminkt: „Für jeden Pups ein Pitch." – Mit der Folge, dass Agenturen und andere Dienstleister permanent in irgendwelchen Wettbewerben stecken und diese nur noch mit zahllosen Überstunden und Wochenendarbeit bewältigen können. Manchmal leidet unter dem ständigen Wettbewerbshochdruck sogar die tägliche Betreuung der vorhandenen Kunden.

Sie sollten sich daher gründlich überlegen, ob es wirklich ein Wettbewerb sein muss. Man sollte nur dann einen Pitch veranstalten, wenn zumindest einer der folgenden Kriterien voll erfüllt ist:

Schwieriges Problem droht
Sie machen sich große Sorgen, denn Ihr Unternehmen hat ein drängendes Kommunikationsproblem und es stellt eine echte Bedrohung dar. Wenn mehrere Auftragnehmer darüber nachdenken, steigt die Wahrscheinlichkeit, dass eine machbare Lösung gefunden wird.

Geniale Idee gefragt

Sie brauchen für Ihre Kommunikationsaufgabe unbedingt eine Spitzenidee – und da geniale Ideen bekanntlich nicht so reich gesät sind, kann es ratsam sein, mehrere Bewerber auf Ideenfindung zu schicken.

Deutlicher Kurswechsel steht an

Ihr Produkt oder Ihre Dienstleistung sollen nicht wie gewohnt vermarktet werden, sondern konsequent die Richtung ändern. Dieser Wandel muss mit einem klugen Konzept begleitet werden. Da ist es nicht verkehrt, wenn mehrere Konzepte zur Auswahl stehen.

Etwas Neues entsteht

Sie bringen ein nagelneues Angebot auf den Markt. Da der erste Eindruck entscheidend prägt, kommt es darauf an, dass Marketing und Kommunikation von Anfang an einen Volltreffer landen.

Interne Entscheidungsstruktur kompliziert

Die Führungsetage und andere Fachabteilungen haben die Antennen ausgefahren und sind an dem anstehenden Projekt interessiert. Jeder hat das berühmte Wörtchen mitzureden. Darum gehen Sie auf Nummer Sicher, wenn Sie aus diplomatisch taktischen Gründen, die Aufgabe offiziell ausschreiben und damit die Verantwortung auf eine solide Grundlage stellen.

Hoher Etat zu vergeben

Bei Etats, die im oberen sechs- oder im siebenstelligen Bereich liegen, ist ein Wettbewerb eine Frage der geschäftlichen Hygiene. Sie beugen dem Verdacht der „Kungelei" vor, wenn Sie den Auftrag ausschreiben und nicht direkt vergeben.

Vorschriften befolgen

Bei öffentlich rechtlichen Institutionen und Unternehmen muss ab einer bestimmten Auftragshöhe ein Wettbewerb zwingend ausgeschrieben werden. Auch private Unternehmen fangen an, im Rahmen des sogenannten „Code of Conducts" (Verhaltungskodex unter anderem zur Verhinderung von Korruption) solche Regeln einzuführen.

Pitch: Wettbewerb mit klaren Regeln

Angenommen, Sie haben sich nach gründlicher Überlegung für einen Pitch entschieden. Sie schreiben Ihre Projektaufgabe aus und laden die potenziellen Auftragnehmer, die es über die Vorauswahl bis auf die „Short List" geschafft haben, zu einem Wettbewerb ein. Die Zahl der Wettbewerbsteilnehmer sollte aus Gründen der Fairness die Zahl 7 nicht übersteigen. Immer daran denken, je mehr Teilnehmer Sie gegeneinander antreten lassen, desto kleiner die Gewinnchance. Und proportional mit der Gewinnchance sinkt zumeist das Engagement der Teilnehmer. Es besteht die Gefahr, dass nur auf Sparflamme gearbeitet wird, und das kann nicht in Ihrem Sinne sein. Ideale Größe sind vier oder fünf Wettbewerbsteilnehmer. Ihre potenziellen Auftragnehmer pflegen aus naheliegenden Gründen zu empfehlen, sich auf nur drei Teilnehmer zu beschränken. Aber da sollten Sie als Auftraggeber kritisch reagieren, denn immer mal wieder steigt ein Teilnehmer während der Briefing- und Planungsphase plötzlich aus dem Wettbewerb aus – und dann bleibt mit nur noch zwei Teilnehmern zu wenig Auswahl.

Denken Sie vorher daran, je mehr Teilnehmer Sie antreten lassen, desto höher ist der Briefingaufwand. Sie müssen unbedingt sicherstellen, dass Sie alle Teilnehmer fair und umfassend briefen können. Befürchten Sie in dieser Beziehung Engpässe, weil Ihre Abteilung zurzeit völlig mit Arbeit überschüttet ist, dann sollten Sie lieber die Zahl der Teilnehmer verringern, als die Qualität Ihres Briefings herunterzuschrauben.

Grundprinzip jedes Wettbewerbs ist es, dass man ohne Einschränkungen faire und gleiche Bedingungen für alle gewährleistet. Es ist unbedingt der Eindruck zu vermeiden, dass Sie – aus welchem Grund auch immer – einen der Teilnehmer nur einen Hauch bevorzugen. Halten Sie die wesentlichen Modalitäten des Wettbewerbs als Teilnahmeregeln schriftlich fest. Lassen Sie sich die Teilnahme und die Zustimmung zu den Regeln von allen beteiligten Dienstleistern schriftlich bestätigen. Gründliche und schriftliche Vorbereitung

beugt Ärger und Frust nach Verkündigung der Pitch-Ergebnisse vor. Vorbeugen lohnt sich, denn besagter Ärger kann bisweilen sogar in einem unschönen Verfahren vor einem deutschen Gericht enden.

Alle Teilnehmer einer Wettbewerbsausschreibung sollten zuerst ein sorgfältig ausgearbeitetes, schriftliches Briefing und später die Möglichkeit eines Briefinggesprächs bekommen.

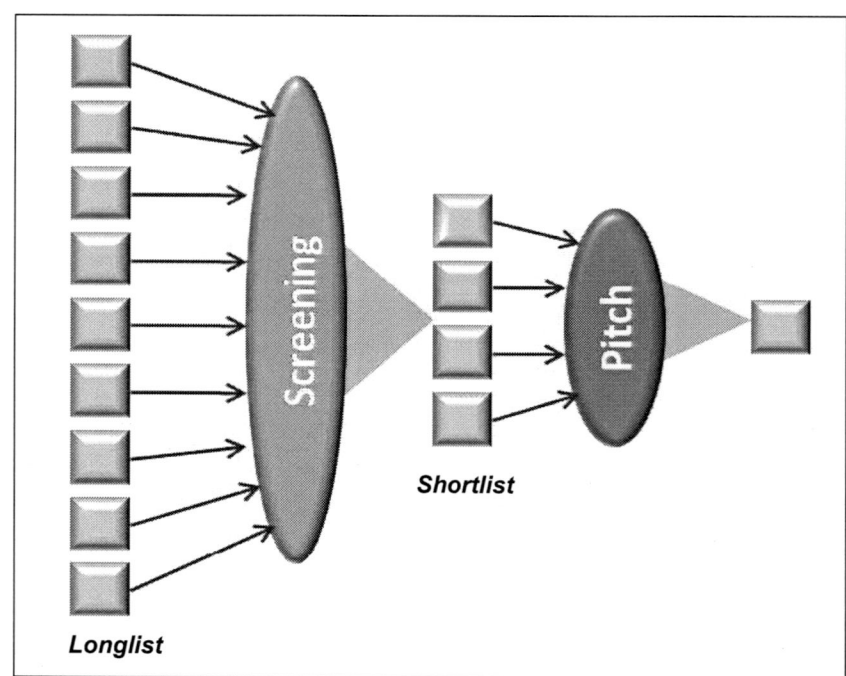

Abbildung 7:
Die Phasen des
Wettbewerbs

Vorsicht! Typische Briefingfehler im Wettbewerb

Im Rahmen von Wettbewerbsausschreibungen werden im Briefingablauf immer wieder ganz spezifische Fehler gemacht, die zu Verzerrungen oder zur Leistungsbehinderung im Wettbewerb führen. Vermeiden Sie folgende Briefing-Unsitten bei Ihrem nächsten Pitch:

Nie alle auf einmal

Zwar sparen Sie viel Zeit und Nerven, wenn Sie alle beteiligten Auftragnehmer gemeinsam zu einem Briefinggespräch einladen. Doch diese Zeitersparnis rächt sich in der Regel durch spürbare Qualitätseinbußen. Warum? Wenn man intelligent fragt, dann gibt man mit der Art und Weise seiner Frage schon Hinweise auf den angedachten strategischen Weg. Da aber niemand der Konkurrenz „mit dem Zaunpfahl winken will", ist bei unseligen „Kollektivbriefings" immer wieder das gleiche Phänomen zu beobachten: Alle Partner schweigen, die Fragen kommen nur schwer in Gang und den gestellten Fragen fehlt der Biss. Sie wirken harmlos und ohne richtigen Tiefgang. Entsprechend oberflächlich fallen dann später auch die fertigen Konzepte aus.

Nie Antworten weitergeben

Manche Wettbewerbsveranstalter lassen die Briefingfragen und -anmerkungen der Teilnehmer nur schriftlich zu und geben die Antworten dann an alle Beteiligten weiter. Durch dieses Prinzip wird dem Instrument des Briefings jeglicher Wettbewerbscharakter genommen und die Konkurrenz egalisiert. Denn die strategisch und analytisch schwächeren Wettbewerbsteilnehmer bekommen durch das breite Spektrum der Antworten wertvolle Tipps in den Schoß gelegt, auf die sie eigenständig nie gestoßen wären.

Für alle alles gleich

Achten Sie unbedingt darauf, dass Sie beim Briefing stets haargenau das gleiche Material an jede Agentur austeilen. Auch müssen beim Briefinggespräch die Gesprächspartner von Seite Ihres Unternehmens unbedingt immer gleich sein. Es geht also nicht an, dass beispielsweise Ihr Geschäftsführer nur bei den ersten beiden Gesprächen dabei ist, und das letzte Briefinggespräch dann ohne ihn stattfindet. Die Benachteiligung für die letzte Gruppe wäre nur schwer wieder gutzumachen.

Möglichst keine Nachnominierungen

Einige Unternehmen lassen es sich einfallen, in einen schon laufenden Pitch noch einen Teilnehmer nachzunominieren. Zum Beispiel hat der Vorstand auf dem VIP-Fest gestern Abend eine charmante Agenturchefin kennengelernt und drängt am nächsten Tag, dass sie noch die Chance bekommt, in den Wettbewerb einzusteigen. Solche nachträglichen Erweiterungen des Teilnehmerkreises führen zu Irritationen und sollten, wenn es irgend möglich ist, vermieden werden.

Schon beim Briefing an die Präsentation denken

Für die Konzept- und Planungsarbeiten sollte man den Wettbewerbsbeteiligten ab dem Briefingstart eine Entwicklungszeit von sechs bis acht Wochen geben. Das Finale jeder Ausschreibung ist dann die Präsentation. Es gilt als schlechter Stil und sät Misstrauen, wenn Sie die Auftragnehmer lediglich eine schriftliche Planungsunterlage einreichen lassen und ihnen nicht die Chance einer persönlichen Konzeptvorstellung geben. Die wichtigen Rahmendaten der Präsentation wie Termin, Dauer oder Ort sollten den Pitch-Teilnehmern schon zum Briefing bekannt gegeben werden.

Üblicherweise lädt man alle Agenturen am gleichen Tag nacheinander zur Präsentation ein. Allemal ausreichend ist eine Präsentationsdauer von einer Stunde pro Agentur, die sich in 45 Minuten Präsentation und 15 Minuten Diskussion unterteilt. Bei aufwendigen Konzepten und Planungen kann im Ausnahmefall auch 1,5 oder maximal 2 Stunden für die einzelne Präsentation angesetzt werden. Zur Präsentation laden Sie alle Entscheider und relevanten Fachleute Ihres Hauses ein. Alle kennen zumindest das schriftliche Briefing und haben damit eine feste Messlatte, um zu beurteilen, ob die Wettbewerbsteilnehmer die gestellte Aufgabe gelöst haben.

Bewertungsraster für Wettbewerbspräsentationen

Um eine klare Bewertung der Präsentationsergebnisse zu gewährleisten, empfiehlt es sich, für die Präsentation einen Bewertungsbogen zusammenzustellen. Alle Präsentationsteilnehmer aus Ihrem Unternehmen, die zum Entscheidungsgremium gehören, haben den Bogen vor sich liegen und tragen unmittelbar nach jeder Präsentation ihre Bewertung ein.

Die Bewertung einer Präsentation hängt von der jeweiligen Problem- und Aufgabenstellung ab und muss jeweils individuell angepasst werden. Die dazugehörige Bewertungscheckliste sollte nicht erst zur Präsentation, sondern bereits parallel zum schriftlichen Briefing fix und fertig vorliegen.

Schriftliches Briefing und Checkliste für die Präsentation bauen wie die zwei Seiten einer Medaille aufeinander auf. Bei Konzepten und Planungen mit strategischer Tragweite macht eine Unterteilung in fünf große Bewertungsblöcke Sinn:

Analytisches Verständnis

Hat der präsentierende Teilnehmer Ihr Unternehmen und die Aufgabe wirklich verstanden? Hat er sich in Ihre Situation hineingedacht und ein Gefühl für Ihre Probleme und Wünsche entwickelt?

Strategische Stringenz

Haben Sie als Zuhörer die strategischen Vorschläge sofort verstanden? Halten Sie den strategischen Weg für gut und richtig vor dem Hintergrund der gestellten Aufgabe?

Kreative Brillanz

Hat es „Klick" gemacht und Sie waren von den Ideen spontan begeistert? Und passen die Ideen auch punktgenau zu Ihrem Unternehmen und der gestellten Aufgabe?

Operative Machbarkeit

Sind die Vorschläge des Auftragnehmers realistisch oder nur schöner Schein? Können die Maßnahmen die vorgegebenen strategischen Ziele tatsächlich erreichen? Stimmt der beschriebene Zeit- und Kostenrahmen?

Überzeugende Präsentation

Wie hat sich der Mitbewerber präsentiert? War der Gesamteindruck überzeugend und rund? Hatten Sie das feste Gefühl, da steckt Kompetenz und der Wille zum Erfolg dahinter? Können Sie sich vorstellen, mit diesem Partner auf Dauer zusammenzuarbeiten?

Bewertung mit klarer Gewichtung

Um der Bewertung eine feste Relation zu geben, werden die Bewertungsblöcke in vielen Wettbewerbsausschreibungen mit Fingerspitzengefühl gewichtet. Das sieht dann beispielsweise so aus:

- 10 Prozent analytisches Verständnis
- 40 Prozent strategische Stringenz
- 20 Prozent kreative Brillanz
- 20 Prozent operative Machbarkeit
- 10 Prozent überzeugende Präsentation

Bei diesem Beispiel wurde der Schwerpunkt klar auf die Strategie gelegt. Die anderen Bereiche sind entsprechend ihrer Bedeutung zurückgestuft. Ihre konkrete Gewichtung sollten Sie schon gleich zu Beginn des Briefingprozesses fixieren. Viele Unternehmen informieren die am Wettbewerb beteiligten Partner bereits im Vorfeld über die Gewichtungsverhältnisse. Das ist gut so! Eine transparente Gewichtung ist für die Teilnehmer eine wichtige Orientierungshilfe.

	+2	+1	0	-1	-2
Analytisches Verständnis ▓ Unternehmen und Produkt verstanden ▓ Markt-/Wettbewerbssituation gut eingeschätzt					
Strategische Stringenz ▓ Realistische Ziele fixieren ▓ Treffende Zielgruppen definieren ▓ Positionierung und Botschaften gut formulieren ▓ Machbaren strategischen Weg beschrieben					
Kreative Brillanz ▓ Ideen passen zu Strategie und Analyse ▓ Ideen sind einprägsam und unverwechselbar ▓ Ideen passen zu Unternehmen und Produkt ▓ Ideen sind realistisch und durchführbar ▓ Ideen sind neu und noch nicht besetzt					
Operative Machbarkeit ▓ Maßnahmen sind strategisch stringent ▓ Maßnahmen tragen die kreativen Ideen ▓ Budgetrahmen ist realistisch und effizient ▓ Zeitplanung lässt sich umsetzen ▓ Personelle Ressourcen reichen aus					
Überzeugende Vorstellung ▓ Verständlich und schlüssig in den Inhalten ▓ Attraktiv und lebendig in der Darstellung ▓ Vertrauenswürdig und beratungsstark im Stil					

Abbildung 8: Die Checkliste für die Wettbewerbspräsentation

2. Schritt: Briefing planen – Nichts dem Zufall überlassen

Technische Vorplanung: Immer einen Schritt voraus

Inzwischen ist der richtige Auftragnehmer gefunden. Falls Sie nicht schon während der Partnersuche mit ersten Vorbereitungen für das eigentliche Briefing begonnen haben, dann wird es jetzt höchste Zeit.

Gleich zu Beginn der Planung stehen Sie an einer Weggabelung und müssen sich für ein einstufiges oder mehrstufiges Briefing entscheiden:

Einstufiges Briefing

Diese kompakte Vorgehensweise kommt nur bei kleinen Aufgaben mit einem überschaubaren Faktenhorizont in Frage – immer dann wenn ein größerer Aufwand nun wirklich nicht lohnt. Bei der einstufigen Briefingform ist keine detaillierte Planung von Nöten. Sie greifen einfach zum Telefon, laden Ihren Auftragnehmer zum Briefinggespräch und geben ihm zu Beginn des Gesprächs ein kurzes Briefingpapier an die Hand. Für spätere Rückfragen stehen Sie selbstredend zur Verfügung. Sie sehen, selbst dieses Briefing in Kurzform verbindet eine schriftliche Basis mit einem persönlichen Kontakt. Ohne dieses Tandem geht es nicht. Ein Briefing ausschließlich schriftlich oder per Telefon abzugeben, erhöht das Risiko und sollte seltenen Schnellschussaufträgen vorbehalten bleiben.

Mehrstufiges Briefing

Das differenzierte Briefing in mehreren Arbeitsstufen ist bei strategischen Konzepten der Regelfall. Um hier die Schrittfolge nicht zu verstolpern, wird eine ausreichende Vorplanung des gesamten Arbeitsprozesses notwendig.

Auf den nächsten Seiten konzentriert sich die Wegbeschreibung auf eine vernünftige Vorplanung für die mehrstufige Vorgehensweise. Gleich zu Beginn der Briefingplanung legen Sie sich auf einem Blatt Papier eine kleine Checkliste an. Die Liste legt fest, welche Briefingschritte in Ihrem Fall notwendig sind, wie die Schritte zeitlich eingetaktet werden, wer für die Schritte verantwortlich zeichnet und wer an ihnen beteiligt ist. Ein Beispiel für die Checkliste finden Sie auf Seite 30.

Ihre kurze Checkliste für die Briefingplanung basiert im Wesentlichen auf drei großen Arbeitsschritten:

Was ist für das schriftliche Briefing zu tun?

Die relevanten Inhalte des Briefings liegen meist nicht auf Ihrem Schreibtisch parat. Sie müssen gesichtet und gesammelt werden. Eventuell ist es notwendig, Fachleute aus dem Haus einzubeziehen. Auf Basis der Faktensammlung ist das schriftliche Briefing in Worte zu gießen und anschließend ein Stapel mit ergänzenden Briefingmaterialien zusammenzustellen. Je nach Interessenlage sollte das fertige Briefing mit den Verantwortlichen im Haus abgestimmt werden, bevor es per Mail oder Post an den Auftragnehmer geht.

Arbeitsschritt	Wann?	Wer?	Anmerkung
Schriftliches Papierbriefing			
▪ Telefonisches Vorbriefing			
▪ Recherche Fakten und Daten			
▪ Formulierung Briefing			
▪ Sammlung ergänzendes Material			
▪ Abstimmung Papierbriefing			
▪ Versand Briefing an Auftragnehmer			
Vertiefendes Briefinggespräch			
▪ Gesprächseinladung			
▪ Zusammenstellung weiterer Materialien			
▪ Durchführung Briefinggespräch			
▪ Protokoll Gesprächsinhalte			
Weitere Briefingschritte			
▪ Rebriefing und Schulterblick			
▪ Vorbereitung Präsentation			

Abbildung 9: Die Checkliste für die Briefingplanung

▪ Was ist rund um das Briefinggespräch zu tun?

Im Mittelpunkt dieses zweiten Blocks steht das vertiefende Gespräch auf Basis des Briefingpapiers. Alle intern und extern Beteiligten sind zum Gespräch einzuladen. Eventuell ist weiteres Briefingmaterial zu sammeln. Außerdem wird festgelegt, wer die Gesprächsführung hat und wer das Gesprächsprotokoll anfertigt.

▪ Welche Briefingschritte sind später vorzusehen?

Hier geht es hauptsächlich um die Frage, wer dem Auftragnehmer in welchem Zeitraum für Rebriefings, Schulterblicke und andere Kontakte zur Verfügung steht? Auch sind erste Vorbereitungen für die abschließende Konzeptpräsentation zu treffen.

Inhaltliche Vorplanung: Aufgabe auf den Punkt bringen

Am Anfang steht die Problem- und Aufgabenstellung. Bevor Sie loslegen und sich genaue Gedanken über die passenden Briefinginhalte machen, müssen Sie einen Moment in sich gehen und reflektieren, ob die Aufgabe an den Auftragnehmer von allen Verantwortlichen in Ihrem Hause mitgetragen wird und klar umrissen ist. Nicht selten zeigt sich nämlich, dass unterschiedliche Abteilungen andere Vorstellungen von der Aufgabe haben. Oder dass es beispielsweise beiden Vorständen zwar ums Image geht, aber der eine damit „Image schärfen" und der andere „Image aufwerten" meint. Stellen Sie unbedingt die Aufgabenstellung auf sichere Beine, bevor Sie anfangen, die Briefinginhalte in eine endgültige Form zu gießen.

Steht die Aufgabe, dann ist der Weg frei. Sie überlegen sich, welche Daten, Fakten und Hintergrundinformationen aufgabenrelevant sind und woher Sie die entsprechenden Informationen bekommen. Unterschätzen Sie bitte nicht den Aufwand, den das Anzapfen der hausinternen Quellen macht. Nur wenige Informationen sprudeln Ihnen entgegen, meist müssen Sie das Wissen in mehreren Abteilungen des Hauses mühsam einsammeln. Sollte Ihr Unternehmen eher schwerfällig organisiert sein, empfiehlt es sich, eine schriftliche Anfrage an die relevanten Abteilungen mit Bitte um Faktenlieferung inklusive eines Liefertermins zu stellen.

Nehmen Sie bitte diese Sammelarbeit nicht auf die leichte Schulter, denn Tatsache ist: Wenn Sie nur einen einzigen maßgeblichen Fakt übersehen, der daraufhin nicht ins Briefing einfließt, kann dadurch am Ende das ganze konzeptionelle Ergebnis brüchig werden.

Seien Sie also kreativ, wenn Sie im Rahmen der Briefingplanung überlegen, welche interessanten Informationsquellen Sie anzapfen könnten. Hier sind einige Quellen als Orientierungshilfe:

Unternehmenseigene Quellen:
- Vorstand und obere Führungsebenen
- Relevante Fachabteilungen
- Die Mitarbeiter an der „Front" (zum Beispiel Vertrieb)
- Langjährige Mitarbeiter
- Eigene Marktforschung und Studien
- Interne Archive und Datenbanken
- Eigene Veröffentlichungen, Pressemitteilungen

Externe Quellen:
- Verbände, Interessenvertretungen
- Branchenportale, Websites der Konkurrenz
- Marktstudien, Prognosen, Umfragen
- Medienberichte, Fachzeitschriften
- Fachbücher, Diplomarbeiten
- Branchenexperten, Insider
- Externe Berater des Unternehmens

Recherchieren Sie ergebnisorientiert und konzentrieren Sie sich auf die wichtigsten Informationswege. Planen Sie – je nach notwendigem Rechercheaufwand – genügend Zeit für die Faktensammlung ein. Denn Sie dürfen auf keinen Fall den Auftragnehmer ins Boot holen und briefen, solange Sie noch nicht alle wichtigen Fakten zusammenhaben. Aussagen wie *„Es tut uns leid, aber zurzeit fehlen uns noch wichtige Informationen. Aber keine Angst, die liefern wir Ihnen baldmöglichst nach!"*, sind für Ihren Partner eine Zumutung. Ohne einen klaren und umfassenden Sachstand kann er nicht arbeiten.

Personelle Vorplanung: Beteiligte festlegen, Entscheider einbeziehen

Im Rahmen des Briefings müssen andere Abteilungen einbezogen, interne Fachleute befragt und Vorgesetzte ins Boot geholt werden. Ein Briefing ist nur selten ein Alleingang. Vielmehr kommt es darauf an, dass alle hinter den Inhalten des Briefings stehen und mit einer Stimme sprechen. Gefährlich ist, wenn es unterschiedliche Meinungen und Sichtweisen zur anstehenden Projektaufgabe gibt. Es muss Einklang herrschen, sonst kann die Arbeit schnell zu einem Alptraum werden. Man stelle sich vor, der externe Partner hat wochenlang aufgrund eines intern nicht sauber abgestimmten

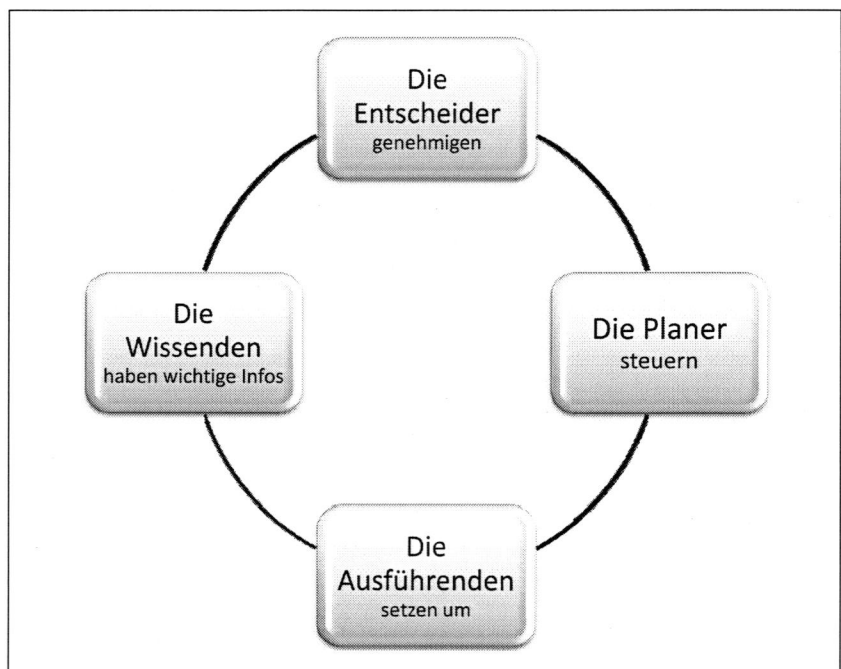

Abbildung 10:
Die Auswahl
der internen Beteiligten

Briefings gearbeitet. Und er hat hart gearbeitet und sein Bestes gegeben! Bei der abschließenden Konzeptpräsentation nickt zwar die Fachabteilung zustimmend mit dem Kopf, aber der Vorstand ruft plötzlich laut in den Raum: *„Das können Sie alles in die Tonne treten, meine Damen und Herren! Sie haben ja gar nicht verstanden, welche Zielgruppen ich ansprechen will!"* Das wäre ein planerischer GAU.

Denken Sie also genau darüber nach, wen Sie im Haus einbeziehen müssen. Es sollten so viele wie nötig, aber so wenige wie möglich sein. Immer auf ihrem Radarschirm zu sehen sein sollten:

Die Entscheider
Vorstand und Führungskräfte, die das Okay für Briefing und Konzeption geben.

Die Planer
Kompetente Mitarbeiter aus Marketing und Kommunikation, die sich auskennen und die Konzeptionsarbeit steuern helfen.

Die Ausführenden
Mitarbeiter an der Basis, die später das fertige Konzept im Alltag umsetzen. Sie dürfen nicht übergangen werden.

Die Wissenden
Fachleute und Insider aus den verschiedensten Abteilungen des Hauses, die über bestimmte Spezialinformationen verfügen, die für das Briefing wichtig sind.

Zeitplanung: Nicht auf den letzten Drücker

Die für den gesamten Briefing- und Konzeptionsprozess zu kalkulierende Zeitdauer hängt von den Reaktionszeiten Ihres Unternehmens und der Flexibilität des Auftragnehmers ab. Folgende Richtwerte können Sie als Orientierungshilfe für strategische Briefings nehmen:

Zwei bis drei Wochen Vorplanung

Die Zeitspanne vom Startschuss der Briefingplanung bis zum fertig formulierten, schriftlichen Briefing sollte maximal drei Arbeitswochen umfassen.

Zwei Wochen schriftliches und mündliches Briefing

Zwischen dem Versand des schriftlichen Briefings an den Auftragnehmer und dem mündlichen Briefing liegen durchschnittlich ein bis zwei Wochen. Nach dem klärenden Gespräch dürfte der Auftragnehmer dann topfit sein und kann zügig in seine Konzeptionsarbeit einsteigen.

Vier bis acht Wochen Konzeptentwicklung mit Rebriefing und Schulterblick

Hier kommt es darauf an, wie flott der Auftragnehmer ist. Die Termine sind mit ihm abzustimmen. Im Maximum sind acht Wochen anzunehmen bis ein strategisches Konzept präsentationsreif ist.

Planen Sie unbedingt Puffer ein. Der Briefingprozess ist sehr pannenanfällig. Das eine Mal bekommt man die Informationen für das schriftliche Briefing im eigenen Haus nicht zusammen. Das andere Mal liefert der Auftragnehmer seine Arbeitsergebnisse mit Verspätung. Nur selten läuft alles nach Plan. Es ist sicherzustellen, dass Sie bei Verzögerungen nicht gleich mit dem Rücken zur Wand stehen.

Mit Verzögerungen ist vor allem dann zu rechnen, wenn Sie den Auftragnehmer nicht kennen. Es ist das erste gemeinsame Briefing und alles hat sich noch nicht eingespielt. In dieser frühen Phase der Partnerschaft kommt es regelmäßig zu Missverständnissen und die ersten Konzeptionsideen sind noch kein Volltreffer. Ausreichende Korrektur- und Nachbesserungszeiten sollten von vorneherein eingeplant werden.

Manchmal brennt, trotz aller Voraussicht, eine Aufgabe lichterloh und das Briefing muss unter Hochdruck erfolgen. Wenn es die Situation erfordert, ist auch das machbar. Im Extremfall greift man zum Telefon und eine Stunde später sitzt der Auftragnehmer zum Briefinggespräch im Büro. Bei solchen ad hoc-Briefings sollte man aber möglichst auf Partner zurückgreifen, die man kennt und deren Leistung man gut einschätzen kann. Außerdem müssen, auch wenn die Zeit noch so drängt, alle wichtigen Briefinginformationen schriftlich festgelegt werden. Im Notfall reicht schon ein nicht ausformuliertes Briefingpapier in Stichworten.

Jedes Briefingpapier setzt – meist zum Schluss – einen Termin für die Fertigstellung des Konzepts. Ein Blick auf die Termine zeigt, alles muss immer schneller gehen. Teilweise lassen Auftraggeber ihren Partnern mit Übergabe des schriftlichen Briefings bloß wenige Tage Konzeptionszeit. Die Aufgabe ist nur mit Nachtarbeit und Wochenendschichten zu bewältigen. In dringenden Ausnahmefällen mag das gehen, es darf aber nicht die Regel werden.

Ein durchdachtes strategisches Konzept mit integrierten kreativen Vorschlägen braucht je nach Umfang zwischen vier und acht Wochen Entwicklungszeit. Alles, was darunter liegt, ist ein Schnellschuss, der unter Umständen mit gewissen Qualitätseinbußen erkauft wird.

Falls Sie sich mit der erforderlichen Zeit nicht sicher sind, hilft oft auch die einfache Frage an Ihren Partner: *„Wie viel Zeit brauchen Sie denn. Wann könnten Sie den frühestens liefern."* Schauen Sie Ihrem Gegenüber dabei tief in die Augen. Von dem Termin, den er Ihnen nennt, ziehen Sie einige Tage ab und machen damit deutlich, dass sie mit Nachdruck am Projekt dranbleiben werden.

Auf der anderen Seite ist auch zu viel Zeit für den Fluss der Konzepterstellung nicht förderlich. Wer zehn, zwölf oder noch mehr Wochen Zeit einräumt, der darf sich nicht wundern, wenn sein Auftragnehmer zwischenzeitlich noch auf drei anderen Hochzeiten tanzt und nie so richtig ins Thema kommt. Ein gesunder Zeitdruck steigert die Leistung und belebt die Kreativität. Versuchen Sie das richtige Maß zu finden.

3. Schritt: Das schriftliche Briefing – Nie ohne arbeiten!

Vorbriefing: Eine erste Vorschau geben

Ihr Auftragnehmer steht in den Startlöchern, aber Sie brauchen noch Planungszeit, bevor das schriftliche Briefing formuliert ist und der eigentliche Briefingprozess beginnen kann. Falls Ihr Konzeptionsauftrag komplexer und zeitaufwendiger ist, sollten Sie Ihren Partner in der Zwischenzeit nicht im Ungewissen lassen. Es ist nur fair, ihn mit einem kurzen Vorbriefing grob skizziert ins Bild zu setzen.

Das Vorbriefing besteht entweder aus einem Telefonat oder aus einem E-Mail. Es steckt mit wenigen Sätzen einen unverbindlichen Rahmen für den anstehenden Konzeptionsauftrag ab:

▨ Um welches Unternehmen, welches Produkt oder welche Dienstleistung geht es?
▨ Wie lautet die Aufgabe?
▨ Wer ist die Schlüsselzielgruppe?
▨ Wie umfangreich ist die Aufgabe?
▨ Mit welchem Zeithorizont muss kalkuliert werden?

Für Ihren Auftragnehmer stellen die rudimentären Informationen des Vorbriefings eine wertvolle Planungserleichterung dar. Er bekommt eine erste Vorstellung davon, was ihn in welchem Umfang und mit welchem Zeitrahmen erwartet. Entsprechend kann er genügend zeitliche und personelle Ressourcen einplanen. Er fängt an, sich das richtige Team für den Auftrag zusammenzustellen. Außerdem ist er ab sofort für Ihre Aufgabe sensibilisiert und schaut sich um. Womöglich trifft er in den Tagen darauf zufällig einen relevanten Experten. Dann nutzt er natürlich die Gelegenheit, um erste Eindrücke und Informationen zu sammeln.

Aber wie gesagt, das Vorbriefing versteht sich in jedem Fall nur als unverbindlicher Hinweis. Es legt Sie noch in keiner Weise fest. Die maßgebliche Kursfixierung erfolgt erst im anschließenden schriftlichen Briefing.

Autor: Im Alleingang oder als Teamwork

Briefing kommt von „kurz". Deshalb ist ein professionelles schriftliches Briefing immer ein kurzes und bündiges Papier. Es wirkt wie ein Substrat. Damit bleibt kein Platz für kleine Schnörkel und lange Erklärungen. Doch je hochkonzentrierter der Inhalt, desto gründlicher müssen Sie vorher durchdenken, was ins Papier gehört und was nicht. Haben Sie maßgebliche Koordinaten außen vor gelassen, driftet Ihr Auftragnehmer unmerklich immer weiter vom Kurs ab. Deshalb sollte man sich für ein Briefingpapier die notwendige Zeit lassen und vielleicht sogar eine Nacht darüber schlafen. Ein Briefing ist nicht wie ein E-Mail, das man mal kurz vor Feierabend in die Tasten hämmert. Sorgfalt ist alles.

Bei überschaubaren, klaren Aufgaben, die zu Ihrem direkten Kompetenzbereich gehören, gibt es keinen Zweifel. Sie setzen sich hin und schreiben das Briefing im Alleingang. Falls Sie gerade unter Stress stehen, können Sie auch einen Mitarbeiter einen Entwurf schreiben lassen. Anschließend korrigieren und optimieren Sie den Text.

Ist die gestellte Aufgabe jedoch ein Meilenstein in der Marketing- und Kommunikationsarbeit Ihres Unternehmens, sind vom anstehenden Projekte mehrere Abteilungen oder Geschäftsstellen tangiert, dann sollten Sie das Briefing in enger Abstimmung mit den Abteilungen oder besser gleich im Team entwickeln.

Es sei angenommen, Sie stellen ein kleines Briefingteam zusammen und setzten einen Termin für einen Briefingworkshop an. Wobei der Begriff Workshop vielleicht schon etwas zu großspurig ist. Länger als zwei bis drei produktive Stunden braucht es nämlich nicht, um gemeinschaftlich die wesentlichen Fakten und Hintergrundinformationen für das anstehende Briefing zu erarbeiten.

In seiner Aufstellung darf das Team keinesfalls ein unternehmenspolitisches Proporzgremium sein. Wenn die Gesprächsrunde zum Schauplatz von Abteilungskämpfen und Kompetenzrangeleien wird, dann läuft alles verkehrt. Das Team wird mit Kollegen besetzt, die inhaltlich wesentliche Informationen in das Briefing einbringen oder die in ihrer Funktion direkt vom anstehenden Projekt tangiert sind. Sie bündeln genau die Kompetenz, die für das Briefing des anstehenden Projektes notwendig ist. Das Team versteht sich als fleißiger Sammler, der alle maßgeblichen Bausteine für das anstehende Briefing zusammenträgt. Der Workshop läuft dann in drei Schritten ab:

Fakten sammeln

Die Beteiligten bringen die aus ihrer Sicht relevanten Informationen ein, die auf einer Flipchart-Tafel erfasst werden.

Fakten strukturieren

Die gesammelten Fakten werden in große Kategorien wie zum Beispiel „Konkurrenz", „Zielgruppe" oder „Produkt" untergliedert.

Fakten gewichten und aussieben

Ein wichtiger Schritt ist das Komprimieren der gesammelten Fakten. Da ein Briefing kurz ist, muss im Gespräch entschieden werden, welche die für die Aufgaben spielentscheidenden Fakten sind.

Anschließend nehmen Sie die Flipchartbögen und formulieren aus den hoffentlich aussagekräftigen Stichworten der Charts das eigentliche Briefingpapier. Das fertige Papier geht noch einmal an alle Beteiligten, um ein Okay einzuholen beziehungsweise letzte Fehler zu entfernen.

Umfang und Form: Fassen Sie sich kurz

Wie lang ist ein gutes Briefing? Zugespitzt formuliert: Wenn Sie es im Ernstfall nicht schaffen, Ihr Briefing auf nur zwei bis drei DIN-A-4-Seiten zu bringen, dann sind Sie noch nicht richtig auf dem Punkt. Selbst die komplexeste Problem- und Aufgabenstellung braucht eine einfache Darstellung. Je komplexer die Aufgabe, desto einleuchtender und dichter sollte das Briefing werden.

Sie werden schnell merken, dass es verteufelt schwer ist, ein kurzes Briefing zu Papier zu bringen. Da sind so viele Fakten, fast alle erscheinen Ihnen wichtig. Sie haben Angst, dass ein wesentlicher Aspekt unbeleuchtet bleibt, wenn Sie diese oder jene Information weglassen. Die Erfahrung zeigt, dass es in der Regel mehr Zeit kostet, sich kurz zu fassen als ein langes Briefingpapier zu schreiben. Wie heißt es in einem Brief von Goethe an seine Schwester: *„Da ich keine Zeit habe dir einen kurzen Brief zu schreiben, schreibe ich dir einen langen."*

Wie gesagt, für ein Briefing mit strategischem Hintergrund ist in der Regel ein schriftliches Faktenpapier von drei Seiten Länge ausreichend. Kürzer – also ein oder zwei Seiten – wäre natürlich noch besser. Im begründeten Ausnahmefall sind auch mal fünf Seiten erlaubt. Aber alles, was über die fünf Seiten hinausgeht, eignet sich nur noch bedingt als professionelles Briefing. Lagebericht und Aufgabenstellung dürften mutmaßlich die nötige Stringenz verloren haben.

Obige Längenangaben beziehen sich auf strategische Briefings. Bei Kreativbriefings und Ausführungsbriefings dürfen Sie auf keinen Fall mehr als ein bis zwei Seiten brauchen. Je kürzer desto besser.

Ein Alptraum für jeden Auftragnehmer sind Briefingpapiere von epischer Länge. 15, 20 oder mehr Seiten mögen zwar gut gemeint sein, sie sind aber alles andere als zielführend. In der Branche erzählt man sich sogar von legendären Briefings, die über hundert Seiten lang waren. Ein Briefing ist doch keine Diplomarbeit und auch kein Schicksalsroman!

Ist der Auftragnehmer clever, dann wird er ein zu langes Briefingpapier erst gar nicht akzeptieren. Er nimmt sich das überlange Papier vor, dünnt es auf zwei Seiten aus, schickt es an den Auftraggeber zurück und fragt nach, ob er die Aufgabenstellung richtig verstanden hat. Er schafft sich so quasi in Selbsthilfe ein tragfähiges Briefingfundament.

Das eigentliche Briefingpapier ist immer kurz und kommt auf den Punkt. Aber damit müssen die vielen weiteren Fakten, die Sie gesammelt haben und die Ihnen doch irgendwie wichtig erscheinen, nicht verloren gehen. Es gibt zwei Möglichkeiten. Sie packen Sie in das anschließende Briefinggespräch. Oder Sie erweitern Ihr schriftliches Briefing um einen Anhang.

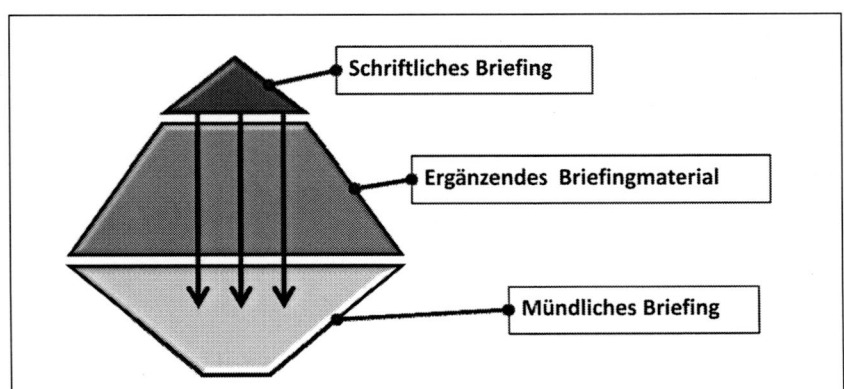

Abbildung 11:
Das schriftliche Briefing
als „Spitze des Eisbergs"

Das Anhängen von Informationen ans schriftliche Briefing ist gängige Praxis. Fast jedes Briefingpapier hat eine solche ergänzende Materialsammlung. Ordnen Sie die Daten und Fakten dort hinten ein, dann heißt das, die Informationen werden von Ihnen nicht als vorrangig eingeschätzt. Sie verstehen das Material als ergänzenden Hinweis mit Hintergrund- und Rahmenfunktion.

Briefingmaterialien: Sowenig Volumen, soviel Substanz wie möglich

Ganz logisch, Sie konnten nicht alle relevanten Fakten und Hintergrundinformationen im schriftlichen Briefing unterbekommen, denn Sie haben sich ja kurz gefasst. Alles, was Ihnen darüber hinaus noch wichtig ist und zur Lösung der Aufgabe dienlich erscheint, das packen Sie in die anhängenden Briefingmaterialien. Die Materialiensammlung besteht aus:

Primärunterlagen

Die Sie oder Ihre Mitarbeiter speziell für das Briefing zusammengestellt und formuliert haben. Das kann zum Beispiel eine Inventarliste aller Kommunikationsinstrumente des Unternehmens sein. Oder eine Zeitübersicht mit allen für das Unternehmen im nächsten Jahr relevanten Ereignissen und Terminen.

Sekundärunterlagen

Die bereits fix und fertig vorhanden sind und von Ihnen einfach nur den Briefingmaterialien beigelegt werden. Dazu gehören interne Materialien wie zum Beispiel der Geschäftsbericht des letzten Jahres. Sowie externe Materialien wie zum Beispiel eine Markt- und Zielgruppenstudie des zuständigen Branchenverbandes.

Hüten Sie sich aber vor dicken Materialstapeln. Das Begleitmaterial darf sich keinesfalls zu einem Materialgebirge auftürmen, das Ihr Auftragnehmer am Ende nicht bewältigen kann. Soweit möglich, sollten Sie deshalb vorselektieren, Redundantes ausfiltern und sich auf das wirklich Wichtige konzentrieren. Wenn in einer 84-seitigen Broschüre nur eine Seite von Belang ist, dann kopieren Sie diese eine Seite und geben Ihrem Auftragnehmer nicht das gesamte Druckwerk mit auf den Weg. Oder Sie nutzen einen Markerstift und streichen besonders wichtige Passagen an.

Sie müssen wissen: Ihr Briefingpartner lebt in der ständigen Angst eine wesentliche Briefinginformation zu übersehen. Er wird deshalb jede Unterlage, die Sie ihm an die Hand geben, gründlich durchforsten und das kostet Zeit. Stellen Sie sicher, dass er nicht unnötig Zeit investieren muss.

Sollte Ihre Materialsammlung vertrauliche Unterlagen beinhalten, dann ist es ratsam, dem extern Partner eine Diskretionsvereinbarung unterschreiben zu lassen. In besonders sensiblen Fällen kann diese noch durch eine vereinbarte Konventionalstrafe verschärft werden.

Materialliste

Vollweg Fenster und Türen AG: Ergänzende Fakten

In Erweiterung zu unserem schriftlichen Briefing vom 23. Januar 2007 stellen wir Ihnen folgendes Hintergrundmaterial zur Verfügung:

- **Unsere Geschäftsberichte 2005 und 2006** – Bitte beachten Sie besonders das Statement unseres Vertriebsdirektors im Geschäftsbericht 2006 auf den Seiten 38 bis 45.

- **Unseren aktuellen Sales Folder** mit allen Produktbroschüren, gültigen Preislisten und Lieferbedingungen.

- **Das Jubiläumsmagazin**, das wir anlässlich unseres 50-jährigen Bestehens im Jahr 2005 herausgegeben haben.

- **Das Distributionskonzept** unserer Vertriebsabteilung von Januar dieses Jahres. Die Sollvorgaben für den Außendienst haben wir auf Wunsch der Vertriebsleitung geschwärzt.

- **Die Pressemitteilungen** der letzten zwölf Monate mit einer Resonanzliste, die unsere Veröffentlichungserfolge bilanziert.

- **Die Rede unseres Vorstands** zur Zukunft des Unternehmens, die er in der letzten Aufsichtsratssitzung gehalten hat. Dieser Text ist unbedingt vertraulich zu behandeln.

- **Alle Motive unserer geschalteten Formatanzeigen** aus den letzten zwei Jahren mit Ausnahme der Stellenanzeigen.

- **Fotos unseres Messestandes** so, wie er zurzeit eingesetzt wird, mit einem Bericht unseres Messeteams zum Erfolg der letzten Messeauftritte.

- **Der umfangreiche Marktreport 2006 des Branchenverbandes** mit einer aufschlussreichen Prognose bis zum Jahr 2010.

- **Die Image- bzw. Angebotsbroschüren der drei Hauptmitbewerber** inklusive eines Stärken- und Schwächenprofils der Mitbewerber, das von unserem Außendienst erstellt wurde.

- **Die für uns relevante Branchenzeitschrift** mit den Ausgaben März 2006 bis Mai 2007, zusammen mit den Mediadaten und einem Plan der in nächster Zeit geplanten Themensonderteile.

- **Eine Untersuchung zur Bedeutung von einbruchsicheren Fenstern** mit interessanten Einschätzungen zu den relevanten Käufergruppen und ihren Motiven

Falls Sie weitere Unterlagen für Ihre Konzeptionsarbeit brauchen, bitten wir um ein kurzes E-Mail mit genauen Angaben an unsere Frau Müller unter müller@vollwegfenster.de

Briefinginhalte: Nur die Fakten, auf die es wirklich ankommt

Ein Kommunikations- und Marketingprojekt steht an. Für dieses Projekt formulieren Sie eine Aufgabe. Es ergibt sich entlang dieser Aufgabe ein Aufgabenkorridor. Das Briefing bewegt sich immer in diesem Korridor und wählt nur die Fakten aus, die als tragenden Pfeiler diesen Korridor abgrenzen. Alle Informationen außerhalb des Aufgabenkorridors, und erscheinen sie auch noch so wichtig für Ihr Unternehmen, haben im eigentlichen Briefingpapier nichts zu suchen.

Um die Ausarbeitung eines schriftlichen Briefings zu beschleunigen und Faktenlücken mit Sicherheit auszuschließen, haben sich viele Verantwortliche, die regelmäßig Briefings entwickeln, eine zweckdienliche Checkliste zusammengestellt. Die Checkliste strukturiert die relevanten Briefinginhalte und erfasst alle in der Praxis häufiger vorkommenden Fakten. Die Checkliste bildet – wie ein Radarschirm – alle konzeptionsrelevanten Bereiche des Briefings ab.

Das unten stehende Schaubild zeigt eine praktikable Übersicht für eine solche Checkliste. Außerdem befindet sich im Anhang dieses Buches eine komplette Muster-Checkliste für Sie.

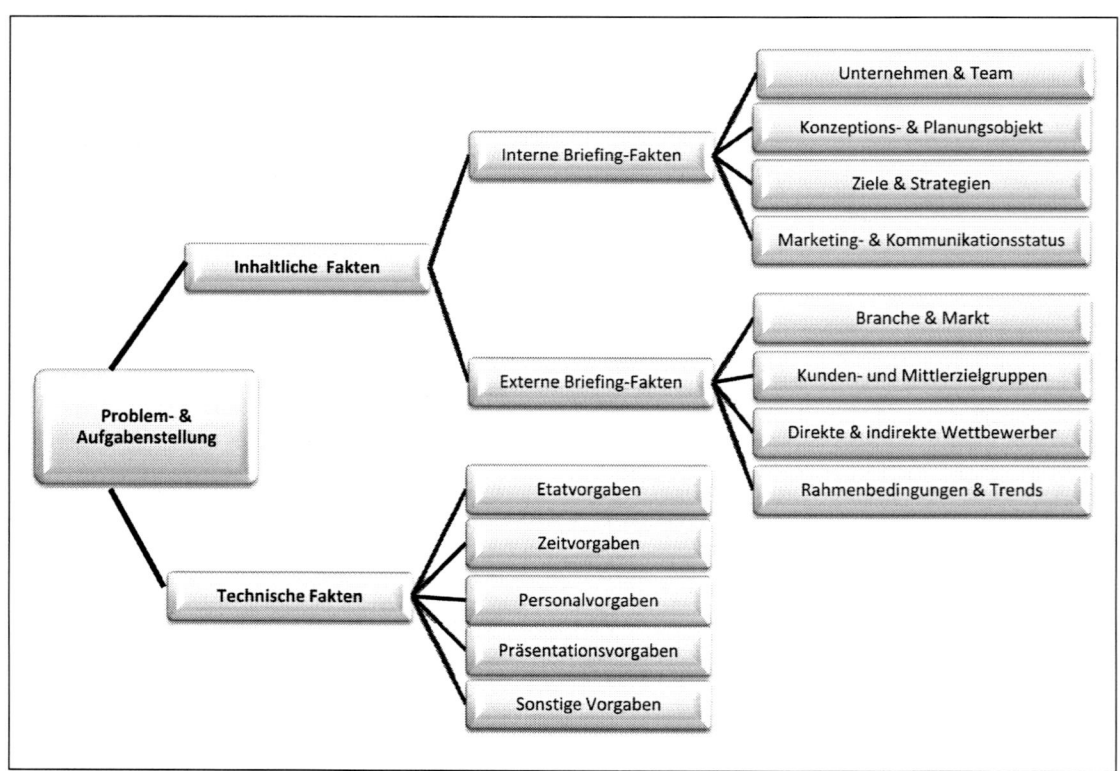

Abbildung 12: Die Struktur der Briefingfakten

Wenn Sie anfangen, über die Inhalte des schriftlichen Briefings nachzudenken, steht immer die Problem- und Aufgabenstellung an erster Stelle. Erst muss die Aufgabe klar und eindeutig fixiert werden, bevor die relevanten Fakten für das Briefing daraus abgeleitet werden. Die Aufgabenstellung ist der Wegweiser für die gesamte Arbeit, alle nachfolgenden Briefingfakten liegen entlang des Weges. Sobald die Aufgabe fest umrissen ist, kann es weitergehen. Zuerst konzentrieren Sie sich auf die inhaltlichen Fakten, und hier auf die internen Fakten aus dem Bereich Ihres Unternehmens:

Unternehmen und Team

Welche Informationen über Ihr Unternehmen braucht der Auftragnehmer, um sein Konzept entwickeln zu können? Was muss er über die Abteilungen wissen, die später an der Realisierung des Konzeptes beteiligt sind?

Konzeptions- und Planungsobjekt

Im Mittelpunkt steht das Objekt, für das ein Konzept entwickelt werden soll. Das kann ein Unternehmen, ein Produkt, ein Sortiment, eine Dienstleistung, eine Idee oder eine Person sein – je nachdem. Der Auftragnehmer sollte eine klare Vorstellung vom Planungsobjekt entwickeln, denn es ist der „Hauptdarsteller" seiner Arbeit.

Ziele und Strategien

Das Konzept steht nie frei im Raum. In jedem Unternehmen gibt es Unternehmensziele, Leitbilder, Marketingstrategien und ähnliche Richtlinien, an denen die Planung ausgerichtet werden muss. Der Auftragnehmer muss die maßgeblichen strategischen Richtgrößen kennen.

Marketing- und Kommunikationsstatus

Ihr Unternehmen hat eine Reihe von Instrumenten und Maßnahmen, mit denen es erfolgreich arbeitet. Das mag eine Kundenzeitung sein, eine jährliche Händlerschulung oder ein Neujahrsempfang. Es ist unbedingt sinnvoll, diese Instrumente in die anstehende Konzeption einzubeziehen. Damit der Auftragnehmer sie einbeziehen kann, muss er sie kennen.

Im nächsten Briefingbereich schließen sich die externen Fakten aus dem gesamten Umfeld des Unternehmens an. Sie sammeln alle Außenfaktoren, die für die Aufgabe maßgeblich sind:

Branche und Markt

Ihr Unternehmen muss täglich im Umfeld bestehen und erfolgreich sein. Was sind die Besonderheiten der Branche? Wie entwickelt sich der Markt? Machen Sie Ihren Auftragnehmer mit den tatsächlichen Verhältnissen bekannt.

Kunden- und Mittlerzielgruppen

Wer soll mit dem Konzept erreicht werden? Wer sind die Stammkunden? Wo liegen die Kundenpotenziale? Welche Medien und Meinungsbildner sind als Mittler einzubeziehen? Und spielen vielleicht sogar die eigenen Mitarbeiter als Zielgruppe eine Rolle?

Direkte und indirekte Wettbewerber

Ihr Auftragnehmer muss wissen, wer die Hauptkonkurrenten Ihres Unternehmens sind und wo deren Stärken und Schwächen liegen. Nur so kann es gelingen, sich abzugrenzen und eine Alleinstellung zu realisieren.

Rahmenbedingungen und Trends

Der oben beschriebene Punkt „Branche und Markt" definiert den Mikrokosmos des Unternehmens. Bei „Rahmenbedingungen und Trends" geht es dagegen um den Makrokosmos. Sie legen fest, welche Trends, Moden, Gesetze und gesellschaftlichen Strömungen für die gestellte Aufgabe tonangebend sind.

Okay, jetzt haben Sie schon die maßgeblichen Fakten zusammen. Die inhaltlichen Fakten machen über 90 Prozent der relevanten Briefinginhalte aus. Mit den technischen Fakten dürfte es folglich ziemlich schnell gehen:

Etatvorgaben

Welche Etatgrößenordnung steht dem Auftragnehmer für die Umsetzung seines Konzepts zur Verfügung?

Zeitvorgaben

Welche zeitlichen Vorbedingungen wollen Sie dem Auftragnehmer setzen? Wann soll es losgehen? Gibt es zeitliche Fixpunkte, wie zum Beispiel ein Jubiläum oder eine Produktneueinführung, die in die Konzeption einzubeziehen sind?

Personalvorgaben

Das Konzept muss auf die Stärke und Kompetenz der Abteilung zugeschnitten sein, die später für die Umsetzung verantwortlich ist. Es darf kein Konzept entstehen, dass zwar genial ist, aber alle überfordert.

Präsentationsvorgaben

Wird das Arbeitsergebnis nur als schriftliches Papier eingereicht oder ist eine mündliche Präsentation geplant? Welche Vorgaben muss der Auftragnehmer kennen, um sich auf die Präsentation frühzeitig vorzubereiten?

Sonstige Vorgaben

Was muss dem Auftragnehmer sonst noch mit auf den Weg gegeben werden? Vielleicht soll das Konzept nicht länger als drei Seiten sein? Oder Sie schreiben vor, dass der Auftragnehmer seinen verantwortlichen Projektleiter, der später das Konzept in die Tat umsetzen soll, mit zur Präsentation nimmt und Ihnen vorstellt.

Es kommt nicht nur darauf an, welche Fakten Sie ins Briefing stellen, sondern auch wie Sie das tun. Seien Sie ehrlich! Wenn Sie Schwachstellen Ihres Unternehmens verschweigen oder Handicaps in der Aufgabe kosmetisch übertünchen, dann werden Sie am Ende keine brauchbare Problemlösung bekommen. Wenn Ihr Briefing auf Schein aufbaut, dann wird es am Ende auch nur eine Scheinlösung geben.

Lesen Sie sich den Briefingtext noch einmal kritisch durch: Die gestellte Aufgabe muss lösbar sein. Verlangen Sie keine Wunder und knüpfen Sie mit Ihren Anforderungen keinen gordischen Knoten. Bleiben Sie mit jeder Zeile des Briefingtextes ein Realist. Im Kasten auf Seite 43 f. finden Sie ein Beispiel für ein vernünftiges schriftliches Briefing.

Agenturbriefing

Standortvermarktung und Imageaufbau in Berlin

Unser Unternehmen kommt nach Berlin

Wir sind ein mittelständisches Immobilienunternehmen, das sich auf die Vermarktung von Büroimmobilien spezialisiert hat. Unser Markt hat sich bisher auf Bayern und Süddeutschland konzentriert. Mit den neuen „Meierhöfen" entwickeln wir erstmals ein Büro-Ensemble in der Hauptstadt Berlin.

Die „Meierhöfe" sind ein sanierter ehemaliger Molkereibetrieb, der im Jahr 1876 gebaut wurde und seit der Aufgabe der Molkerei Anfang der neunziger Jahre leer stand. Nach gründlicher Sanierung werden wir in dem roten Backstein-Ensemble geräumige loftartige Büros einrichten, die sich durch moderate Mieten und zeitgemäßem Komfort im historischen Ambiente auszeichnen.

Die Sanierungsarbeiten sind bereits im Gang. Mit der Vermarktung soll im September begonnen werden. Gleichzeitig werden wir in Berlin unser neues Büro in Mitte eröffnen, das zukünftig mit drei Mitarbeitern besetzt sein wird.

Unser Unternehmen hat eine sehr ambitionierte Philosophie, die sich von vielen Mitbewerbern klar abhebt. Uns kommt es nicht auf eine schnelle Vermarktung und eine möglichst hohe Kapitalrendite an. Wir planen und handeln als wertkonservatives Unternehmen und sehen unsere Immobilien als langfristige Wertanlagen, die wir pflegen und mit Substanz entwickeln wollen. Deshalb legen wir auch Wert auf die richtigen Mieter, die sich wohlfühlen und sich mit unseren Immobilien als „ihre Heimat" identifizieren.

Bisher haben wir keinerlei Marketing- und Kommunikationsaktivitäten in Berlin gestartet, wenn man von ersten persönlichen Kontakten zu Maklerunternehmen absieht. Einziges Instrument, das bisher nach Berlin wirken könnte, ist unsere Website, die ständig steigende Zugriffszahlen hat und eine entscheidende Plattform für die Erstinformation geworden ist.

Der Markt in Berlin bietet Chancen

Der Markt für Büroimmobilien in Berlin hat eine Krise hinter sich. Es gab jahrelang ein Überangebot an Flächen, das sich nur langsam abbaut. Durch die sich belebende Konjunktur und die Sogwirkung der Hauptstadt ist zurzeit aber eine deutliche Belebung zu erkennen.

Es schauen sich wieder mehr Gewerbetreibende und Freiberufler nach einem neuen Standort um. In der Regel besichtigen die Interessenten mehrere Objekte und vergleichen gründlich, bevor sie sich entscheiden. Auch ist es üblich geworden, um den Mietpreis und die Konditionen hart zu verhandeln.

Unsere Hauptzielgruppe sind potenzielle Mieter, die Flächen zwischen 20 und 1000 Quadratmetern abnehmen. Aus jahrelanger Erfahrung wissen wir, dass diese Mieter zu großen Teilen direkt aus der Region kommen werden. Zum Ambiente und Komfort der „Meierhöfe" passen aus unserer Sicht vor allem junge Existenzgründer und Unternehmen aus kreativen Branchen wie dem Medien- oder dem Werbebereich.

Mitbewerber gibt es in Berlin natürlich viele. Unzählige Büroimmobilien sind zurzeit in der Vermarktung. Unseren einzigen direkten Konkurrenten sehen wir in BBcity Properties, denn das Unternehmen hat ähnliche Objekte wie wir und eine ähnliche junge Klientel als Zielgruppe. Allerdings sind die Nebenkosten bei diesem Konkurrent fast ein Drittel höher als bei uns.

Ein weiterer Vorteil im Vergleich zu BBcity dürfte unsere klare Klimaschutz-Ausrichtung sein. Wir werden die „Meierhöfe" mit Solaranlagen und moderner Technik zur Erhöhung der Energieeffizienz ausstatten und liegen damit voll im Trend der Zeit.

Agenturbriefing (Fortsetzung)

Ihre Aufgabe: Machen Sie diese Chancen nutzbar

Ihre Aufgabe ist die Entwicklung eines schlagkräftigen Konzepts für die Vermarktungskommunikation der „Meierhöfe". Es soll ein steter Strom von Interessenten und Besichtigungen generiert werden. Gleichzeitig sollen Sie mit dem Imageaufbau für unser Unternehmen in der Stadt beginnen, denn wir wollen uns in Berlin langfristig engagieren und benötigen dazu die nötige Bekanntheit und Reputation.

Ihre Kommunikation muss unbedingt sofort nach den Sommerferien in September beginnen. Für alle Mittel und Maßnahmen steht ihnen in den nächsten 12 Monaten ein Etat von 84.000 Euro zur Verfügung. Bitte beachten Sie bei Ihrer Planung, dass wir im Herbst den Regierenden Bürgermeister in den Meierhöfen zu Gast haben werden.

Für weitere Fragen steht Ihnen Herr Siebold, unser Bereichsleiter Marketing, aus unserer Münchner Niederlassung zur Verfügung. Bitten nutzen Sie zur Ansprache seine E-Mail-Adresse.

Mit dem schriftlichen Briefing skizzieren Sie die grobe Richtung. Sie schreiben aber nicht die genaue Route vor. Das Briefing darf nicht zum Gängelband werden. Ihr Ziel ist es, die Potenziale auf der Auftragnehmerseite zu aktivieren. Um eine zugkräftige Lösung zu entwickeln, braucht Ihr Partner den nötigen konzeptionellen und kreativen Gestaltungsspielraum. Ihr Briefing soll inspirieren, es soll vom Auftraggeber als spannende Herausforderung begriffen werden. Wenn Sie ihn mit festen Vorgaben zum „Befehlsempfänger" degradieren, dann macht er Dienst nach Vorschrift und die Ergebnisse werden vorschriftsmäßig sein – mit der Betonung auf „mäßig".

Eine letzte Frage: Wie ist das mit subjektiven Meinungen? Sind die im schriftlichen Briefing tabu? „Tabu" wäre zu hart formuliert. Der subjektive Faktor hat im schriftlichen Briefing nur etwas zu suchen, wenn das Verständnis des subjektiven Meinungsbildes essenziell für das Verständnis der gesamten Ist-Situation ist. Ansonsten sollte man sich in der Kürze des Briefingpapiers auf Fakten und gesicherte Informationen konzentrieren und sich Meinungsäußerungen und persönliche Stimmungsbilder besser für das anschließende Briefinggespräch aufsparen, denn da sind sie viel besser aufgehoben.

Briefingform: Klartext schreiben

Manche Briefings scheitern nicht an den Inhalten sondern an Stil und Formulierung. Der Auftraggeber findet nicht die richtigen Worte. Der Auftragnehmer rätselt, was der Auftraggeber eigentlich sagen wollte und missversteht.

Ein gutes Briefingpapier ist möglichst klar, einfach und verständlich. Für die Formulierung sollten Sie folgende Regeln beherzigen:

Keine Schachtelsätze

Langgezogene und verschachtelte Satzkonstruktionen werden leicht zu Bedeutungslabyrinthen, in denen das Verständnis des Auftragnehmers auf der Strecke bleibt. In Briefings formuliert man besser kurz und geradeaus.

▒ **Falsch:** *„Eine hohe Transparenz bei den Sponsorengeldern, die hauptsächlich in der angewandten Forschung zum Einsatz kommen, während die Grundlagenforschung nur im Ausnahmefall profitiert, ist eine Maxime der Kommunikation unseres Institutes, die besondere Wichtigkeit hat."*

▒ **Richtig:** *„Eine wichtige Kommunikationsregel unseres Institutes ist die hohe Transparenz bei den Sponsorengeldern. Die Gelder kommen meist in der angewandten Forschung zum Einsatz. Nur im Ausnahmefall profitiert die Grundlagenforschung."*

Kein Branchenslang

In jeder Branche gibt es spezielles „Fachchinesisch", das alle nutzen, das aber einem Außenstehenden fremd in den Ohren klingt. Ein gutes Briefing vermeidet branchenspezifische Fremdworte oder erklärt sie zumindest.

▒ **Falsch:** *„Die technischen Issues beim Core-Portfolio müssen vor dem Launch unbedingt einem Update unterzogen werden."*

▒ **Richtig:** *„Die technischen Themenbotschaften des Kernsortiments müssen vor der Produkteinführung unbedingt weiterentwickelt werden."*

Kein Konjunktiv

Briefingfakten verlieren durch Formulierungen im Konjunktiv ihre klare Position. Der Auftragnehmer weiß nicht mehr so genau, was er davon halten soll. Ein gutes Briefings ist dagegen mit jedem Satz ein klares Bekenntnis.

▒ **Falsch:** *„Da die Marktverhältnisse sich negativ zu entwickeln scheinen, dürfte in nächster Zeit die Straffung unseres Kundenservices zu erwarten sein."*

▒ **Richtig:** *„Da die Marktpreise weiter steigen, straffen wir bis zum Jahresende unseren Kundenservice."*

Keine Passivsätze

Ein Briefing soll bewegen. Passivsätze dagegen wirken starr und ohne Tatendrang. Ein gutes Briefing formuliert aktiv und nennt den Handelnden.

▒ **Falsch:** *„Die neuen Informationsbroschüren werden zur Beratung von Interessenten in den neuen Bundesländern genutzt."*

▒ **Richtig:** *„Unsere Kundenbetreuer nutzen die neue Infobroschüre, um Interessenten in den neuen Bundesländern zu beraten."*

Keine Substantivierungen

Wenn in einem Briefingtext zu viele Verben als Substantive auf Stelzen gestellt werden, dann bekommt der Inhalt schnell einen behördlichen Habitus. Ein gutes Briefing nutzt die Kraft der Verben und bringt Bewegung in den Text.

▒ **Falsch:** *„Um die Gewinnung von Vertrauen sicherzustellen, hat unser Unternehmen eine Intensivierung der Pressearbeit und einer Vereinfachung der Argumentationslinie begonnen."*

▒ **Richtig:** *„Um Vertrauen zu gewinnen, verstärkt unser Unternehmen die Pressearbeit und vereinfacht die Argumentationslinie."*

Es geht nicht darum, mit dem schriftlichen Briefing ein literarisches Meisterwerk in Form zu gießen. Ausgefeilte Formulierungen und nette Wortspielereinen sind gar nicht gefragt. Eher im Gegenteil. Bleiben Sie schnörkellos und klar.

Budget: Präzisionsarbeit braucht klare Eckdaten

Wie viel Etat steht für die Projektaufgabe zur Verfügung? Für Ihren Auftragnehmer ist das eine essenzielle Briefinginformation, denn er muss sein Konzept ganz anders angehen, wenn er 30.000 Euro oder wenn er 300.000 Euro zur Verfügung hat. Auch mit kleinem Etat kann man viel bewegen, aber man nutzt eben ganz andere Kanäle und Instrumente als bei einem Etat mit langem Atem.

Ein Kardinalproblem vieler Briefings ist heutzutage, dass die Auftraggeber der ultimativen Etatfrage ausweichen. Im Briefingpapier stehen dann verklausulierte Formulierungen wie: *„Setzen Sie soviel an, wie für die Aufgabe notwendig ist!"* oder *„Wir wollen einen Eindruck bekommen, wie effizient Sie planen können!"* Es werden klare Zahlen verweigert und der Auftragnehmer darf im Nebel stochern.

Ohne Budgetvorgabe geht es aber nicht. Sie müssen ja nicht gleich den ganz genauen Betrag mit zwei Stellen hinter dem Komma ins Briefing schreiben. Schon die ungefähre Größenordnung hilft dem Auftragnehmer weiter und ermöglicht ihm, passgenau zu arbeiten. Eine Aussage wie: *„Siedeln Sie Ihre Maßnahmen im unteren sechsstelligen Bereich an"*, legt Ihr Budget nicht über Gebühr fest, hilft aber Ihrem Partner schon enorm weiter.

Um mit den Budgetgrößen flexibel zu bleiben, gibt es noch einen zweiten Briefingansatz. Fordern Sie Ihren Auftragnehmer auf, die Kosten der Maßnahmen in abgestuften Varianten zu erfassen. Es könnte zum Beispiel eine Standardvariante geben, die alle Pflichtmaßnahmen erfasst, die minimal notwendig sind, um die Aufgabe zu erfüllen. Und dazu kommt dann eine Ausbauvariante, die mehr Komfort und eine höhere Resonanz verspricht. Die Maßnahmen der Komfortversion sind modulartig in Einzelpositionen erfasst, so dass man auch einzelne Maßnahmen auswählen und umsetzen kann.

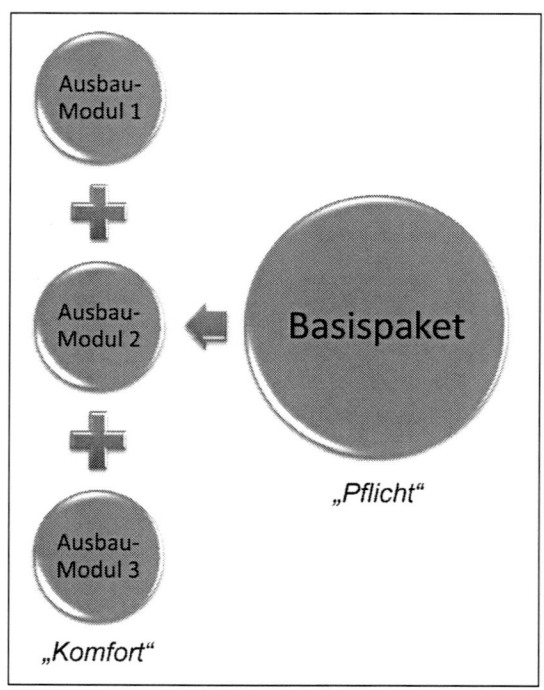

Abbildung 13: Die modulare Budgetierung

Zu erwähnen sind noch besonders geschäftstüchtige Auftragnehmer. Sie präsentieren Ihnen ein tolles Konzept. Was die alles mit dem vorgegebenen Etat hinbekommen! Sie sind hellauf begeistert! Nur sobald Sie in die Etatplanung schauen, stellen Sie überrascht fest, dass nicht wenige der tollen Maßnahmen auf „optional" gesetzt wurden – sprich: Sie sind mit dem vorhandenen Etat nicht zu realisieren. Um dieser bösen Überraschung zu entgehen, sollten Sie schon im Briefing darauf bestehen, dass die vorgeschlagenen Maßnahmen streng im Etatrahmen bleiben.

Ansprechpartner: Wer hilft weiter?
Nennen Sie im Briefingpapier einen festen Ansprechpartner für Rückfragen. Ein guter Auftragnehmer hat auf jeden Fall viele Fragen. Fehlende Nachfragen und tiefes Schweigen von Seiten Ihres Partners sollten Sie misstrauisch machen. Eventuell mangelt es an Engagement und Leidenschaft? Falls Sie in Stress stehen und für den Briefingpartner in der nächsten Zeit schlecht erreichbar sind, dann schreiben Sie ins Papier, wann und wie man mit Ihnen Kontakt aufnehmen kann. Zusätzlich kann auch ein Stellvertreter als Ansprechpartner benannt werden.

So könnte die betreffende Passage im Briefing aussehen: *„Ihr Ansprechpartner ist unser Marketingleiter Bodo Leitner. Sie erreichen ihn per E-Mail unter leitner@xyz.eu. In dringenden Fällen können Sie ihn auch per Telefon unter 0 77 30/89 67-09 kontaktieren. Bitte beachten Sie, dass Herr Leitner vom 20. bis 27. Juli auf einer Konferenz in Boston weilt und damit nicht zu erreichen ist. "*

Sonderfall kreatives Briefing
Bisher ging es um die strategische Variante des Briefings. Dort sind die Aufgaben und Anforderungen komplex. Der Auftragnehmer braucht den nötigen konzeptionellen Freiraum für die Ent-

wicklung der richtigen Strategie und gleichzeitig alle relevanten Fakten, um innerhalb dieses Freiraums die nötigen Orientierungsgrößen zu haben und nicht in die Irre zu laufen.

Bei kreativen Briefings ist das anders. Hier soll ein Grafiker, ein Texter oder ein Fotograf auf Schiene gesetzt werden, um schlüssige und zugkräftige Ideen zu entwickeln. Kreative sind nicht unbedingt strategisch versierte Leute. Im Gegenteil: Sie verlieren sich leicht in Ihren Ideen und heben ab. Deshalb brauchen sie für ihre Arbeit klare und eindeutige Vorgaben. Kreative Briefings sind deshalb deutlich kürzer als strategische Briefings.

Unter den Kreativen geht das Schlagwort vom „Bierdeckel-Briefing" um. Es heißt, ein gutes Kreativbriefing passt auf einen Bierdeckel. Das ist übertrieben, aber deutet die Richtung an. Mit einem kreativen Briefing sollten Sie – auf das Wesentliche konzentriert – unter einer Seite bleiben. Ein halbe Seite ist oft schon ausreichend.

Auch das schriftliche Kreativbriefing kann wiederum durch Briefingmaterialien ergänzt werden. Aber auch hier sollten Sie sich auf fundamental wichtige Unterlagen beschränken. Wer die Kreativen mit einen kompletten Jahrgang der Kundenzeitschrift, einem guten dutzend Produktbroschüren und drei dicken Geschäftsberichten eindeckt, darf sich nicht wundern, wenn diese am Ende ihre kreative Aufgabe vor lauten Informationen nicht mehr sehen.

Was ist zu den Inhalten zu sagen? Kreativbriefings machen klare strategische Vorgaben. Sie sagen knapp und unmissverständlich, was Sache ist.

Abbildung 14:
Die Komponenten des
Kreativbriefings

Dem Kreativen ist schon nach dem ersten Durch-lesen die Aufgabe klar und er kann loslegen. Zu den Fixpunkten, die in Ihr nächstes Kreativbrie-fing gehören, zählen:

Die Zielvorgaben

Wohin soll es gehen? Was soll die Idee des Krea-tiven bewirken? Geht es nur darum, den Umsatz zu steigern oder will man vorrangig das Image verändern? Oder will man neue Zielgruppen an-sprechen?

Die Zielgruppen

Wer gehört zur Zielgruppe? Bei wem muss die Idee zünden? Wie denkt und handelt sie? Welche Beziehung hat sie zum Unternehmen?

Die Positionierung

Wo steht das Unternehmen oder das Produkt in den Köpfen der Zielgruppe? Wie soll die Wahr-nehmung zukünftig ausfallen? Wie positionieren sich die Hauptkonkurrenten?

Der Hauptgrund

Wofür sollen die Zielgruppe begeistert werden? Was ist der alles entscheidende Grund ("Reason Why"), der für das Produkt oder das Unternehmen spricht? Warum kann die Zielgruppe gerade mit diesem Grund bewegt werden?

Die Tonalität

Wie stimuliert die Idee? Welche Stimmungslage, welches Flair soll transportiert werden? Ist eine gediegen konservative oder eher eine jugendlich moderne Ansprache geplant?

Die Maßnahmenmix

Was sind die Einsatzzwecke der Ideen? Mit welchen Medien, Mitteln und Maßnahmen werden sie später umgesetzt? Geht es nur um Anzeigen oder Plakate? Oder müssen die Ideen auch im Internet und auf Events funktionieren.

Das alles muss in wenigen, kurzen Sätzen formuliert werden, sodass im Kopf des Kreativen ein klares Bild entsteht. Darunter stehen vielleicht noch die üblichen technischen Fakten wie Fertigstellungstermin, Etatgröße und Ansprechpartner. Mehr ist nicht gefragt.

Letzter Schritt: Alle gehen konform und stehen dahinter

Das schriftliche Briefing ist ein Dokument, das die gestellte Aufgabe im gesamten Unternehmen sozusagen „aktenkundig" macht. Die Umsetzung dieses Briefings durch den Auftragnehmer ist oft von großem Belang für den Geschäftserfolg des Unternehmens. Bevor Sie das schriftliche Briefing auf den Weg zum Auftragnehmer bringen, sollten Sie das Papier von den relevanten Entscheidern und Instanzen im Haus absegnen lassen.

Aber was den Segen angeht, gibt es Grenzen. Vielen Briefings sieht man an, dass sie Kompromisspapiere sind. Ihr Inhalt ist in mehreren Abstimmungsschritten auf Konsens gebracht worden. Um jede Formulierung wurde intern gerungen und dem Ergebnis fehlt jeglicher Biss. Das Papier liest sich weichgespült wie ein politisches Grundsatzprogramm. Es kann folglich notwendig sein, dass Sie um das geradlinige Profil Ihres Briefings kämpfen müssen. Steuern Sie entschlossen gegen, damit Ihr Briefing im Haus nicht unter die Räder gerät und nur noch ein Torso übrigbleibt.

Mal angenommen Ihr Briefingpapier hat endlich den Segen des Hauses. Dann sollten Sie keine Zeit mehr verlieren. Packen Sie den Briefingtext in eine E-Mail und senden Sie ihn sofort an Ihren Auftragnehmer. Das ergänzende Briefingmaterial können Sie per Post oder Boten hinterherschicken. Damit ist der entscheidende Impuls ausgelöst, das Briefing rollt.

Briefingpapiere unter der Lupe

Die nachfolgenden Zitate sind Originale und stammen aus Briefingpapieren der letzten Jahre. Es sind Beispiele für problematische und teilweise unprofessionelle Briefingaussagen, die keine Klarheit schaffen, sondern den Auftragnehmer eher aus dem Konzept bringen:

„... erwarten wir kreative Lösungen, die neue Wege gehen, ohne unser bewährtes Instrumentarium auszuhebeln."

Kommentar: Ja was nun? Der Beauftragte rätselt. Sein Auftraggeber fordert in seinem Papier eine konzeptionelle Balance zwischen Innovativem und Bewährtem. Nur mit welcher Gewichtung? Ohne klärendes Briefinggespräch wird das Konzept zum Vabanque-Spiel.

„Entwickeln Sie bitte selbst die nötigen Etatvorstellungen. Wir wollen Ihren planerischen Spielraum keinesfalls einengen."

Kommentar: Bei diesem Briefing dürfte es am Besten sein, wenn der Auftragnehmer eine knapp kalkulierte Aktionsbasis konzipiert und sie durch mehrere, flexible Ausbaumodule ergänzt.

„Grundlage Ihrer Arbeit ist der neue Masterplan des Vorstands, der als geheim eingestuft wurde und den wir Ihnen deshalb nicht zugänglich machen können."

Kommentar: Der Auftragnehmer soll auf einer Basis arbeiten, die er gar nicht kennt. Das geht nicht! In dieser Situation könnte man dem Auftraggeber eine Diskretionsvereinbarung anbieten, um den Zugang zum Masterplan zu bekommen.

„Genaue Zielgruppen für die neue Kampagne lassen sich nicht bestimmen. Unsere erfolgreiche Maxime ist es, alle anzusprechen."

Kommentar: Wer versucht alle anzusprechen, der spricht letztendlich keinen richtig an. Vorrangige Aufgabe des Auftragnehmers müsste es daher sein, behutsam Aufklärungsarbeit zu leisten. Der Auftraggeber muss erst einmal für die Bedeutung der Zielgruppenanalyse sensibilisiert werden, bevor ein vernünftiges Konzept entstehen kann.

„Bitte entwickeln Sie Ihre Strategie auf Basis unseres Unternehmensleitbildes, das vor 18 Jahren entwickelt wurde und seitdem unverändert geblieben ist."

Kommentar: Das Leitbild dürfte Staub angesetzt haben und nicht mehr in die Zeit passen. Ob vor diesem Hintergrund eine zeitgemäße Strategie möglich ist?

„Erwarten wir von Ihnen im ersten Schritt Vorschläge für eine neue Unternehmensbroschüre, auf deren Grundlage Sie dann im zweiten Schritt eine Imagestrategie für uns erarbeiten."

Kommentar: Das Briefing weist an, den zweiten Schritt vor dem Ersten zu tun. Wenn das realisiert wird, dann kann die Imagebroschüre nach Fertigstellung der Strategie höchstwahrscheinlich eingestampft werden.

4. Schritt: Das Briefinggespräch – Wie ein „freundliches Verhör"

Ein Gespräch klärt die Feinheiten

Das schriftliche Briefing gibt die grobe Richtung vor, es bietet aber allein auf sich gestellt noch keine tragfähige Arbeitsplattform für den Auftragnehmer. Nach der Lektüre der vorliegenden Briefingunterlagen bleiben Fragen, Lücken und kleine Widersprüche. Ein mäßig engagierter Auftragnehmer wird sich daran nicht groß stören, sondern einfach loslegen. Ein wacher Partner besteht dagegen darauf, mit Ihnen ein Gespräch zu führen, um die Informationen des schriftlichen Briefings zu hinterfragen und zu ergänzen.

Ohne klärendes Gespräch fehlt dem Auftragnehmer noch eine gehörige Portion Fein- und Fingerspitzengefühl für den Auftrag. Er hat kein Gefühl für die Zwischentöne. Er wird das Konzept relativ grobmotorisch angehen und entsprechend ungenau werden seine Ergebnisse sein. Sie dürfen deshalb nicht laut stöhnen und das zusätzliche Gespräch mit dem Auftragnehmer als unnötige Belastung empfinden. Es ist eine Chance! Das mündliche Briefing hat entscheidende Präzisierungsfunktionen:

Wichtige Detailfragen klären
Der Auftragnehmer versteht die ein oder andere Information des schriftlichen Briefings nicht oder nicht richtig. Er braucht klärende Antworten.

Lücken schließen
Bestimmte Briefinginhalte, die dem Partner wichtig erscheinen, fehlen ganz oder teilweise. Er versucht diese Lücken im Gespräch zu schließen.

Präziser werden
Zwar sind die notwendigen Informationen vorhanden, Ihrem Partner sind sie aber noch zu allgemein. Das lässt ihm keine Ruhe, er will es genauer wissen.

Widersprüche klären
Manche Briefingpapiere enthalten einzelne Aussagen oder ganze Passagen, die sich beim genaueren Hinsehen widersprechen. Der Auftragnehmer muss diesem Widerspruch auf den Grund gehen.

Ergänzende Interpretationen einholen
Die Information steht zwar schon im Briefing, aber da sie Schlüsselstellung innerhalb des Konzeptes hat, bohrt der Auftragnehmer nach und bittet über eine ergänzende Einschätzung im O-Ton. Es kommt ihm auf die Zwischentöne an.

Fakten in Frage stellen
Ja, der Auftragnehmer hat das Recht, er hat im begründeten Einzelfall sogar die Pflicht, Briefingangaben, die ihm unglaubwürdig erscheinen, auf den Prüfstand zu stellen.

„Persönlichen Draht" aufbauen
Vielleicht ist das eine der wichtigsten Funktionen des Briefinggesprächs. So wichtig die objektiven Fakten sind, Auftragnehmer und Auftraggeber müssen immer auch auf der subjektiven menschlichen Ebene ein persönliches Vertrauensverhältnis aufbauen und ein Gefühl füreinander entwickeln, damit die gemeinsame Arbeit gelingen kann.

Erste Ideen ansprechen

Gute Auftragnehmer denken von Anfang an mit und werden deshalb zum Zeitpunkt des mündlichen Briefinggesprächs schon erste Ideen im Hinterkopf haben. Das Briefing bietet durchaus Raum darüber zu reden. Allerdings sollte das nicht zu ausführlich passieren, dazu ist eher das Instrument des Rebriefings gedacht, das einige Seiten weiter vorgestellt wird. Außerdem arbeiten manche Auftragnehmer gern mit „Einheitsrezepten", die Sie allen Kunden schon im Briefinggespräch als bewährte Lösung anbieten. Wenn Sie das Gefühl haben, Ihr Gegenüber versucht Ihnen sein konzeptionelles Standardpaket schmackhaft zu machen, dann sollten Sie ablehnen und ausdrücklich auf einer individuellen Lösung bestehen.

Briefingführung: Passiv oder Aktiv

Vor dem mündlichen Briefing stehen Sie wieder am Scheideweg. Sie müssen sich taktisch entscheiden, wie Sie den weiteren Briefingprozess angehen wollen:

Passive Vorgehensweise

Mit dem schriftlichen Briefing ist Ihre Bringschuld erbracht. Sie warten erst einmal ab und lassen jetzt Ihren Auftragnehmer kommen. Er agiert und gestaltet den weiteren Prozess – und Sie reagieren entsprechend.

Aktive Vorgehensweise

Das Projekt ist viel zu wichtig, als dass Sie das weitere Briefing einfach laufen lassen. Eventuell haben Sie sogar Misstrauen, dass Ihr Partner im Weiteren nicht richtig „in die Pötte" kommt. Dann bleiben Sie offensiv und steuern Sie mit klaren Ansagen das weitere Briefingvorgehen.

Schwer zu beantworten, welche Vorgehensweise die bessere ist. Wenn Sie auf Nummer sicher gehen wollen, dann bleiben Sie in der aktiven Rolle. Mit einer Einschränkung: Der Auftragnehmer darf im Briefing keinesfalls gegängelt, eingeengt oder gar entmündigt werden. Ihre Steuerungsimpulse wirken motivierend und stimulierend, mehr nicht.

Ganz gleich ob passiv oder aktiv, bei beiden Vorgehensweisen ist der Ablauf der Gesprächsvorbereitung im Wesentlichen gleich, nur dass Sie sich als Auftraggeber innerhalb dieses Ablaufs unterschiedlich verhalten. Übrigens bringt der passive Weg nicht unbedingt weniger Arbeit für den Auftraggeber. Wenn Sie sich für einen engagierten Partner entschieden haben, dann wird er Sie ganz schön auf Trab halten.

Vorrecherche: Frühzeitig schlau machen

Der erste Schritt für Ihren Auftragnehmer in der Vorbereitung des Briefinggesprächs ist eine kurze Vorrecherche. Ein bis zwei Stunden Zeitaufwand genügen schon. Es kommt darauf an, ausgehend von den Instruktionen des schriftlichen Briefings den eigenen Wissensstand auszubauen. Geeignete Recherchewege sind:

Internet

Hier führt der erste Weg auf die Website des Auftraggebers und von da auf das Branchenportal der betreffenden Branche.

Fachzeitschriften

Man gewinnt schnell einen guten Eindruck, wenn man die für die Branche relevante Fachzeitschrift durchblättert und Momentaufnahmen einfängt.

Insider

Vielleicht gibt es im Kollegen- und Bekanntenkreis jemand, der schon Erfahrung in der Branche gesammelt hat. Den ruft man an und profitiert von seinem Insiderwissen.

Besonders die Website des Unternehmens ist zumeist eine aussagekräftige Informationsquelle. Der Auftragnehmer kann sich dort schnell ein umfassendes Bild vom Auftraggeber machen. Von der Historie des Unternehmens über die Managementphilosophie bis hin zu den Produkten und ihren Nutzenvorteilen reicht das Spektrum der Informationen. Aufschlussreich ist auch der News- und Pressebereich. Wenn er professionell gemacht ist, dokumentiert er die Lebenslinie des Unternehmens in den letzten Monaten.

Die Vorrecherche erweist sich in vielen Fällen als äußerst nützlich für die weitere Briefingarbeit des Auftragnehmers:

Fragenkreis reduzieren

Alles, was über die Vorrecherche in Erfahrung gebracht wird, muss man nicht im Briefing erfragen. Eine gute Recherche reduziert die Zahl der offenen Fragen erheblich. Im Briefinggespräch kann man sich auf das Wesentliche konzentrieren.

Kompetenz aufblitzen lassen

Sitzt man wenig später mit dem Auftraggeber im Gespräch, dann verwendet man das gesammelte Wissen, um sein Engagement zu dokumentieren. *„Sie sind ja schon richtig im Thema!"*, freut sich der Auftraggeber.

Alle wesentlichen Ergebnisse der Vorrecherche werden sortiert und abgelegt, um sie wenig später bei der weiteren Entwicklung der Konzeption an den richtigen Stellen einfließen zu lassen.

Agenda: Leitlinien für das Gespräch

Bei legeren Briefingbeziehungen sparen sich beide Seiten gern die inhaltliche Vorbereitung des Briefinggesprächs. Man verabredet lediglich einen Termin, zu dem man sich trifft und wie es so schön heißt *„locker vom Hocker plaudert"*. Das kann prima laufen – muss aber nicht. In der Praxis empfiehlt sich eine vernünftige Vorbereitung, um die Substanz zu sichern. Dabei kommen im Wesentlichen drei gesprächsvorbereitende Hilfsmittel zum Einsatz: Vorrecherche, Tagesordnung und Frageliste. Alle drei Instrumente orientieren sich am schriftlichen Briefing und werden von der Auftragnehmerseite erarbeitet (siehe Abbildung 15 auf Seite 54).

Die schriftliche Agenda für Ihr nächstes Briefinggespräch ist ein Kann-Instrument. Bei Briefinggesprächen mit überschaubaren Themen in kleinen Runden können Sie darauf verzichten. In komplizierten Projekten mit vielen Beteiligten macht die Tagesordnung aber unbedingt Sinn. Aber keine Sorge, es kommt nicht zusätzliche Arbeit auf sie zu. Die Agenda wird üblicherweise von Ihrem Briefingnehmer erstellt. Mit der Agenda legt der Partner den Fahrplan für das Gespräch fest. Seine Agenda ist als Vorschlag zu verstehen:

Die Zeit: Wann findet der Briefingtermin statt und wie viel Zeit wird dafür benötigt?

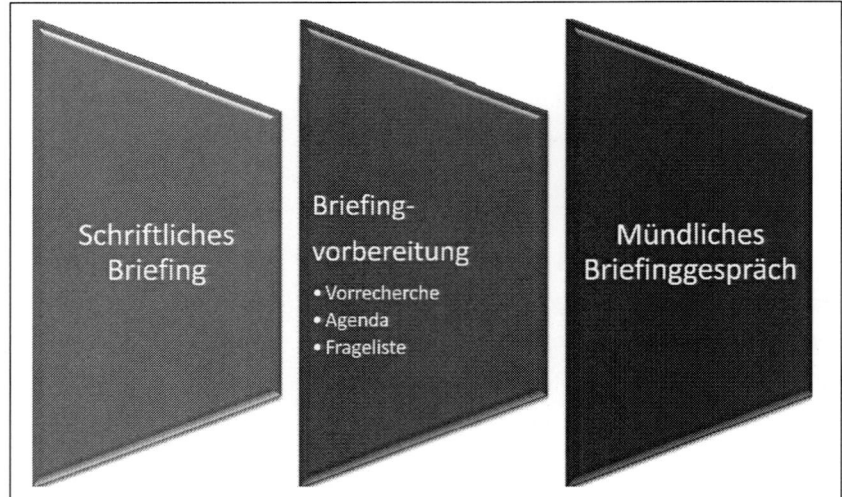

Abbildung 15:
Die Briefingvorbereitung
als wichtige Brücke

▨ **Der Ort:** Treffen sich die Beteiligten beim Auftragnehmer, beim Auftraggeber oder an einem dritten Ort?

▨ **Die technischen Vorhaltungen:** Wird zum Beispiel Technik für eine eventuelle Präsentation benötigt?

▨ **Die Teilnehmer:** Wer aus dem Team des Partners ist in welcher Funktion beim Gespräch dabei? Hat der Auftragnehmer vielleicht einen speziellen Gesprächspartnerwunsch auf der Auftraggeberseite?

▨ **Der Ablauf:** Welche maßgeblichen Gesprächskomplexe sollen in welcher Reihenfolge besprochen werden?

▨ **Das Ziel:** Welche Resultate sind für die einzelnen Gesprächskomplexe ins Auge zu fassen?

▨ **Ergänzende Zusatzwünsche:** Der Fragende meldet zusätzliche Anforderungen für den Briefingtermin an. Zum Beispiel *„Wäre eine Besichtigung der Produktion möglich?"* oder *„Können wir beim Termin die Prototypen des neuen Produkts in Augenschein nehmen?"*

Die Agenda wird kurz und knapp auf einem Blatt vom Auftragnehmer zu Papier gebracht und rechtzeitig vor dem Gespräch als Vorschlag an Sie als Auftraggeber geschickt. Sie greifen gegebenenfalls korrigierend ein. Nach Korrektur steht die Endversion der Agenda.

Agenda

Ergo Buchverlag: Briefingklausur

Gesprächstermin: 12. November 2006, 14:00 bis 16:00 Uhr
Ort: Verlagshaus Potsdam, Sitzungsraum 205a, 2. Stock
Technik: Flipchart und Overheadprojektor vorhanden, weitere Technik auf Anfrage

Teilnehmer von Ergo Buch:
- Verlagsleiter Harlan Schmitthüs
- Werbeleiter Arndt Alsen
- Lektorin Ariane Meyer
- Fachbeirat Professor Erika Schreiber

Teilnehmer von Schmidt Kommunikationsberatung:
- Geschäftsführer Friedrich J. Schmidt
- Senior-Beraterin Ulla Schiffke

Thema: Kommunikationskonzept zum Launch der neuen Fachbuchreihe

Tagesordnung:
- Begrüßung und Einführung durch die Verlagsleitung
- Vorstellung der Buchreihe durch den Lektor
- Beschreibung des wissenschaftlichen Hintergrunds durch den Fachbeirat
- Fragen der Kommunikationsberatung Schmidt auf Basis der vorliegenden Frageliste:
  - Positionierung der Buchreihe
  - Der Verlag und seine Philosophie
  - Die Leser und die Multiplikatoren
  - Markt und Konkurrenzsituation
- Abstimmung der weiteren Vorgehensweise

Gesprächsziel:
Das Team der Kommunikationsberatung Schmitt soll für den besonderen fachlichen Anspruch der Reihe und die hohe Erwartungshaltung der zukünftigen Leser sensibilisiert werden. Die Einführungswerbung braucht unbedingt viel Einfühlungsvermögen.

Wichtige Anmerkung:
Frau Professor Schreiber steht einzig zum Briefingtermin am 12. November für Auskünfte bereit. Da Sie die Initiatorin der Buchreihe ist, sollten Herr Schmidt und seine Kollegin die Chance eines intensiven Austausches nutzen.

Frageliste: Wer systematisch fragt, kommt weiter

Ein absolutes Muss ist die Frageliste. In der Liste hält der Briefingnehmer seine Fragen für das Gespräch schriftlich fest. Das Erstellen einer solchen Liste hat zwei wesentliche Vorteile. Auf der einen Seite denkt Ihr Auftragnehmer vor dem Gespräch bereits gründlich nach und baut sich ein festes, zuverlässiges Gerüst mit allen Fragen, die von Belang sind. Es kann ihm nicht mehr passieren, dass er im Gespräch ausversehen eine entscheidende Frage vergisst. Auf der anderen Seite können Sie sich als antwortender Auftraggeber besser auf das Gespräch vorbereiten. Sie wissen, welche inhaltlichen Anforderungen an Sie gestellt werden und suchen sich die geforderten Informationen im Vorfeld zusammen. Der Output des Briefinggesprächs steigt durch die Frageliste erfahrungsgemäß deutlich an. Beim Erarbeiten der Liste sollte man auf das richtige Augenmaß achten:

Konzentration auf das Wesentliche

Eine gute Frageliste überzeugt nicht durch die Quantität sondern durch die Qualität der Fragen. Der Frager macht keinen Rundumschlag, sondern hält seinen Sensor an den Nerv der Aufgabe.

Nur Fragen stellen, die nicht anderweitig zu beantworten sind

Wie viele Filialen ein Unternehmen hat, dürfte auf der Website stehen. Wie der Umsatz im letzten Jahr aussah, das kann man im Geschäftsbericht nachlesen. Die Frageliste konzentriert sich folglich auf Fragen, die über andere Kanäle nicht zu klären sind. Für alle 08/15-Fragen ist die knapp bemessene Zeit des Briefinggesprächs einfach zu wertvoll.

Nicht seitenlang Fragen zusammenstellen

Lange Fragelisten überfordern den Antwortenden und sprengen den Rahmen eines Briefinggesprächs. Deshalb sind gute Fragelisten zugleich auch kurze Fragelisten. Ideal ist es, unter einer Seite zu bleiben. Wer mit seinen Fragen jedoch die Zwei-Seiten-Schallgrenze durchschlägt, sollte sich fragen, ob er noch den Überblick behalten und die nötige Stringenz walten lassen kann.

Eindeutige und klare Fragen formulieren

Der Auftraggeber bekommt die Frageliste im Vorfeld des Gesprächs. Damit er sich vorbereiten kann, soll er schon beim ersten Überfliegen wissen, was Sache ist.

Analysierende Fragen einbauen

Es kommt nicht nur auf Sachinformationen an. Genauso wichtig sind die dazugehörigen Bewertungen und Ausleuchtungen des Auftraggebers. Nur zu fragen *„Wie groß ist Ihr Außendienst und wie viele Händler besuchen die Berater pro Woche"* geht meist nicht tief genug. Erhellender ist eine analytische Frage wie: *„Welche Rolle spielt ihr Außendienst für die Vermarktung des neuen Produkts und wie stehen die Berater zum neuen Produkt?"*

Keine explosiven Fragen stellen

„Kann es sein, dass Ihr Pressesprecher innerlich gekündigt hat?" Je nach Aufgabenstellung, kann es passieren, dass eine solch sensible Frage gestellt werden muss. Das passiert aber entsprechend verpackt und diplomatisch eingeleitet im Briefinggespräch. Es zeugt von taktischer Ungeschicklichkeit, wenn solche Fragen mit Explosivkraft in der schriftlichen Frageliste auftauchen.

Der Fragende stellt die Frageliste in Schriftform zusammen. Das Papier schickt er per E-Mail oder Fax im Vorfeld der Gesprächsrunde (eventuell zusammen mit der Agenda) an Sie, verbunden mit der herzlichen Bitte sich entsprechend vorzubereiten.

Frageliste

Baerwaldt Büromaschinen: Die Office-Offensive

Fragen zum Markt

- Wie hat sich Ihr Marktsegment in den letzten fünf Jahren entwickelt? Wie lag Ihr Unternehmen im Vergleich zum Branchentrend? Welche Bedeutung hatten Anbieter aus dem Ausland?
- Wer sind Ihre Hauptkonkurrenten auf dem deutschen Markt? Was machen diese Konkurrenten besser oder schlechter als Sie?
- Wie treten die Konkurrenten am Markt auf? Mit welcher Positionierung und welchen Botschaften? Wie sieht deren Marketing- und Kommunikationsstrategie aus? Können Sie uns Muster von Anzeigen und Broschüren der Konkurrenz zur Verfügung stellen?
- Ihr Vorstand sprach in einer Rede vor der IHK vom Aufbruch Ihres Unternehmens in eine innovative Zukunft. Wie ist diese Aussage zu verstehen?

Fragen zu den Angeboten

- Wenn ein Journalist der örtlichen Tageszeitung anfragen würde, der nicht vom Fach ist, wie würden Sie das Produktprogramm Ihres Unternehmens beschreiben?
- Was sind die erfolgreichen Stars Ihres Angebots? Welche Produkte sind „Poor Dogs"? Wo gibt es noch ungenutzte Talente und Entwicklungspotenziale?
- Wir konnten keine Informationen dazu finden: Werden in den nächsten zwölf Monaten neue Produkte auf den Markt kommen? Welche Chancen räumen Sie diesen Produkten ein?
- Wäre es möglich, dass Sie uns zum mündlichen Briefingtermin einige ausgewählte Produkte in der Anwendung demonstrieren?

Fragen zu den Kunden

- Im schriftlichen Briefing definieren Sie Ihre gegenwärtigen Kunden als „mittelständische Unternehmen". Können Sie uns diese Gruppe konkreter beschreiben? Sind diese Mittelständler auch Ihre Wunschkunden?
- Wenn wir einige Ihrer Kunden auf einer Fachmesse treffen würden: Was sollten diese Kunden im Idealfall über Ihr Unternehmen und seine Angebote äußern? Was werden sie wohl realistisch sagen?
- Wie hoch ist Ihre Kundenfluktuation? Wie viele neue Kunden gewinnen Sie? Wie viele Kunden verlieren Sie pro Jahr? Wie begründen die Kunden ihren Wechsel?
- Was ist die Erfahrung Ihrer Vertriebsmannschaft: Welche Angebotsvorteile überzeugen die Kunden am ehesten? Welche Verkaufsargumente werden kritisch gesehen?
- Wäre es möglich, dass Sie uns Kontakt zu einem Ihrer Stammkunden vermitteln, damit wir uns in einem kleinen Gespräch einen authentischen Andruck verschaffen können?

Es gibt rationell denkende Auftragnehmer, die sich standardisierte Fragebögen und Fragelisten für all ihre Briefinggespräche erarbeitet haben. Die Fragebögen enthalten zumeist Multiple-Choice- und einfache Ausfüllfragen, die schon im Vorfeld des Briefinggesprächs beantwortet werden sollen, um die Sachlage noch besser zu sondieren. Die Fragelisten bestehen aus einem Schemata von allgemein formulierten Fragen zur Marketing- und Kommunikationssituation, die standardmäßig an alle Auftragnehmer zur Vorbereitung verschickt werden. Beides Mal wird mit Schablonen gearbeitet, was eher kritisch zu sehen ist. Die Erfahrung zeigt, dass jedes Problem ganz individuelle Ausprägungen hat und deshalb auch eine individuelle Herangehensweise braucht.

Materialbedarf: Noch mehr Honig saugen

Der Frageliste wird im konkreten Einzelfall noch durch eine Auflistung von zusätzlich benötigten Materialien erweitert. Der Auftragnehmer fordert weiteres Info- und Hintergrundmaterial an, um sein Konzept auf eine solide Wissensbasis zu stellen.

Mag sein, dass die dem schriftlichen Briefing beiliegenden Materialien aus Ihrer Sicht schon alles Notwendige enthalten haben, aber vielleicht sieht Ihr Auftragnehmer das ja anders. Da er die Konzeptionsaufgabe lösen soll, darf er bestimmen, was für ihn an Substanz wichtig ist. Und diese Materialwünsche schreibt er mit auf die Frageliste.

Der Auftragnehmer schickt Ihnen seine Frageliste schon vor dem Briefinggespräch zu. So haben Sie genügend Zeit, die Materialien zu recherchieren, einzusammeln und während des Gesprächs zu übergeben. Aber lassen Sie sich nicht in Stress bringen. Es wird nie möglich sein, alle Materialwünsche zu erfüllen. Das erwartet Ihr Auftragnehmer auch gar nicht. Er sieht die Aufstellung nur als Wunschliste. Konzentrieren Sie sich auf alles, was in Ihrem Unternehmen vorhanden ist oder zügig beschafft werden kann.

Teilnehmer: Mit Tendenz zum kleinen Kreis

Ein Briefinggespräch ist keine Vollversammlung. Sie sollten den Kreis der Gesprächsteilnehmer folglich angemessen klein halten. Alle, die zur Kernmannschaft des Projekts gehören und für den späteren Erfolg entscheidend sind, nehmen teil. Alle anderen müssen draußen bleiben. Konkret sollte die Zahl der Teilnehmer, wenn es irgend machbar ist, im einstelligen Bereich bleiben. Lieber weniger als mehr. Dieses Gebot der kleinen Runde bringt spürbare Mehrwerte:

Mehr Substanz

Gezieltes und systematisches Fragen und Hinterfragen, Antworten und Analysieren ist nur in kleinen Runden wirklich effizient möglich. In großen Runden dagegen bekommt das Briefinggespräch nur selten den richtigen Biss.

Mehr Ehrlichkeit

Hinter die Kulissen schauen, informelle Fragen stellen und unbequeme Wahrheiten aussprechen – all das gehört zu einem guten Briefinggespräch und fällt in kleinen Runden einfacher. In großen Runden neigen die Teilnehmer zur diplomatischen Steifheit. Es wird nur selten „aus dem Nähkästchen geplaudert", denn viel zu viele Ohren hören mit.

Mehr Vertrauen

An anderer Stelle wurde schon geschrieben, dass eine wichtige Funktion des mündlichen Briefings ist, eine Beziehung zwischen Auftraggeber und Auftragnehmer aufzubauen. Dieses „Sich beschnuppern" und „Einen Draht kriegen" ist in großen Runden schwieriger als im kleinen überschaubaren Rahmen.

Mehr Geschlossenheit

In großen Runden mit vielen Teilnehmern kann es speziell auf der Auftraggeberseite schnell passieren, dass plötzlich unterschiedliche Meinungen aufkommen. Man spricht nicht mehr mit einer Stimme – und das ist für den Auftragnehmer gefährlich. Statt mit klarer Sicht, kommt er leicht irritiert aus dem Gespräch.

Welche Personen sollte Ihr Auftragnehmer mit zum Briefinggespräch bringen? Eigentlich liegt die Besetzung im Verantwortungsbereich Ihres Partners – und doch können Sie sich an einer Stelle einmischen. Bestehen Sie darauf, dass genau das Team, das Ihr Konzept entwickelt, plant und später umsetzt, sich auch das Briefing abholt.

Manche Agenturen haben nämlich sogenannte „New Business-Units". Das sind erfahrene Mitarbeiter – man könnte sie auch „Frontschweine" nennen, die sich briefen lassen, das Konzept professionell glänzend entwickeln und dann nie mehr beim Kunden auftauchen. Die eigentliche Planung und Umsetzung wird von anderen Mitarbeitern aus der zweiten Reihe übernommen, die in der Leistung schlechter sind und sich im Projekt nicht auskennen. Oft bleibt Ihnen dann nichts anderes übrig, als mit diesem neuen Team noch einmal alle Briefinginformationen durchzukauen – und das ist dann wirklich lästig.

Überdies sollten Sie genauer hinschauen, wen der Auftragnehmer zum Briefingtermin schickt. Kommt der Vorstand oder der Geschäftsführer persönlich, dann kann das ein Zeichen dafür sein, dass Sie Ihrem Partner wichtig sind und (hoffentlich) eine engagierte Betreuung zu erwarten haben. Kommt nur der Junior-Projektleiter, dann kann durchaus eine hervorragende Arbeit dabei herauskommen. Aber gleichwohl drängt sich der Verdacht auf, dass Sie für diesen Partner vielleicht doch nur das fünfte Rad am Wagen sind.

Wer gehört von der Auftraggeberseite an den Tisch der Briefingrunde? Wie gesagt, halten Sie die Runde klein, damit sichergestellt ist, dass Sie mit einer Stimme sprechen und im Briefing auf klarem Kurs bleiben. Teilnehmen sollte der harte Kern der Projektverantwortlichen und eventuell der ein oder andere Fachmann, dessen Expertenwissen im Briefing unbedingt benötigt wird. Wenn zum Beispiel ein PR-Konzept für ein neues Tomographie-Verfahren als Aufgabe ansteht, die PR-Abteilung im Unternehmen aber beim Verfahren noch nicht so richtig durchblickt, dann ist es unerlässlich, dass ein versierter Fachmann mit am Tisch sitzt und die nötige Themenkompetenz sicherstellt.

Wenn es um das Fachwissen geht, ist es übrigens durchaus denkbar, die Fachleute nur zu einem Teil des Briefinggesprächs einzuladen. Sind die betreffenden Fragen geklärt, verlassen die Fachleute den Raum.

Eine Person fehlt noch und darf am Tisch keinesfalls vergessen werden: der Protokollant. Ganz wichtig! Von den Inhalten und Ergebnissen des gemeinsamen Gesprächs muss es auf jeden Fall einen schriftlich fixierten Sachbericht geben. Sie können mit dieser Aufgabe einen versierten Assistenten aus Ihrer Abteilung betrauen. Ein anderer und gern genutzter Weg ist es, den Auftragnehmer mit dem Gesprächsprotokoll zu beauftragen. So schlagen Sie gleich zwei Fliegen mit einer Klappe. Sie haben weniger Arbeit und beim anschließenden Lesen des Protokolls können Sie noch einmal überprüfen, ob Ihr Partner die Aufgaben richtig verstanden hat.

Die Raumfrage: Zu Dir oder zu mir?

Sobald die Teilnehmerzahl geklärt ist, muss als nächstes die Frage des richtigen Briefingraums geklärt werden. Sie haben prinzipiell drei Möglichkeiten mit Ihrem Auftragnehmer zusammenzukommen:

Beim Auftraggeber

Das ist im Briefingalltag der Regelfall. Denn so lernt der Briefingnehmer gleich das Unternehmen kennen, er schnuppert Atmosphäre und sammelt wertvolle Eindrücke. Gleichzeitig minimiert sich der Zeitaufwand für den Auftraggeber. Das Briefing im eigenen Haus geht schnell und unkompliziert.

Beim Auftragnehmer

Diese Variante kommt immer mal wieder vor, ist aber nicht die Regel. Sie macht zum Beispiel Sinn, wenn der Auftragnehmer aus irgendwelchen Gründen einen größeren Kreis von Mitarbeitern am Gespräch beteiligen will und es übertrieben auf-

wändig wäre, alle zum Auftraggeber zu expedieren. Ein anderer Grund ist, dass der Auftraggeber unbedingt den Sitz seines Partners kennenlernen will, um sich einen besseren Eindruck zu verschaffen.

Neutraler Ort

Die dritte Variante mit der Entscheidung für einen neutralen Raum trifft nur in begründeten Einzelfällen zu. Wenn eine Aufgabe beispielsweise brennt und aus Zeitgründen nur ein schnelles Treffen in der Flughafenlounge möglich ist. Oder wenn beide Seiten in verschiedenen Städten zu Hause sind und man sich aus Gründen der Fairness in der geografischen Mitte zum Gespräch verabredet.

Ganz gleich, wo der Raum liegt, er sollte ein ruhiges Ambiente, die nötige Technik und die richtige Größe haben. Es gilt einen Raum zu bestimmen, in dem ein konzentriertes, persönliches Gespräch möglich ist. Wenn man sich zum Beispiel in einem imposanten Konferenzraum für 80 Personen mit vier Leutchen trifft, dann stellt sich schnell ein ungutes Gefühl ein und es wird schwieriger, den richtigen Draht zueinander zu finden.

Nicht zu vergessen: Vermeiden Sie Frontenbildungen bei der Sitzordnung. Wenn sich die Mitarbeiter der einen und der anderen Seite in geschlossener Front gegenübersitzen, dann dämpft dieses frontale Gegenüber das Gesprächsklima.

Ablauf: Zur Sache, kein Schwätzchen

Bleibt noch die Frage der richtigen Zeitdauer. Die Antwort lautet: Ein professionelles mündliches Briefing für eine strategische Konzeption dauert im Durchschnitt eine volle Stunde. Bei überschau-

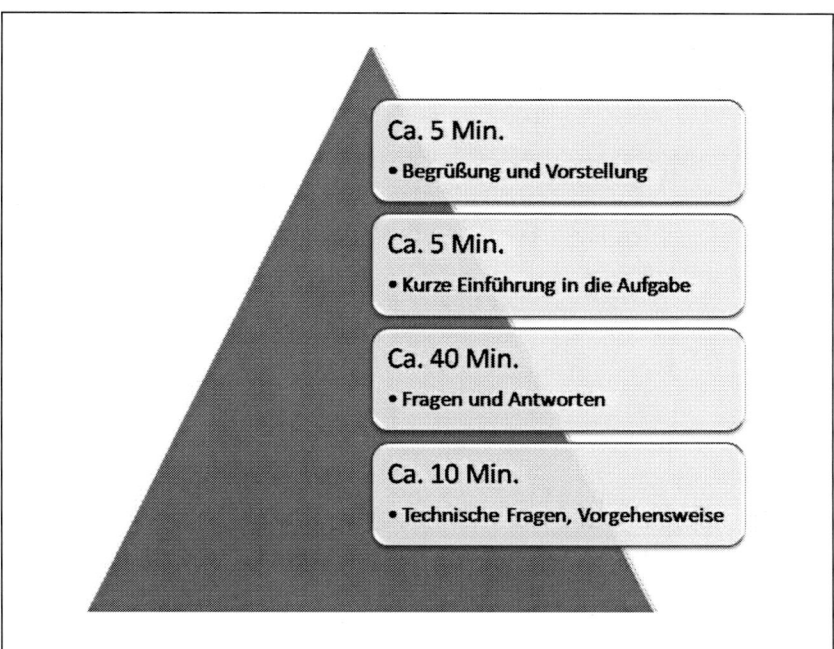

Ca. 5 Min.
• Begrüßung und Vorstellung

Ca. 5 Min.
• Kurze Einführung in die Aufgabe

Ca. 40 Min.
• Fragen und Antworten

Ca. 10 Min.
• Technische Fragen, Vorgehensweise

Abbildung 16:
Der Ablauf
des Briefinggesprächs

baren Aufgaben kann im Einzelfall schon eine halbe Stunde völlig ausreichend sein. Bei richtig komplizierten Masterplänen sind hier und da auch zwei Stunden Briefing drin. Aber alles, was länger als zwei Stunden dauert, ist kein professionelles Briefinggespräch mehr, sondern – Pardon – „zu viel Palaver". Bitte erinnern Sie sich: Briefing kommt von kurz. Das gilt ohne Ausnahme auch für das Briefinggespräch.

Das Briefinggespräch versteht sich als „freundliches Verhör" und kommt deshalb sofort zur Sache. Die Gesprächsführung hat einen stringenten Kurs mit klarem Ziel: „Möglichst viel Honig zu saugen". Entsprechend knapp und hochverdichtet fällt der Ablaufplan für die Gesprächsführung aus. Bei einer Stunde Gesprächsdauer ist von folgender Zeiteinteilung auszugehen:

Begrüßung und Vorstellung

Die beiden Seiten und alle Gesprächsteilnehmer stellen sich und ihre Funktionen innerhalb des anlaufenden Projekts vor. (Dauer: circa fünf Minuten).

Kurze Einführung

Der Auftraggeber wiederholt noch einmal die wesentlichen Parameter der Aufgabe und bringt die Ziele des Gesprächs auf den Punkt. Eventuell werden Vorbedingungen für das Gespräch formuliert. (Dauer: circa fünf Minuten).

Strukturierte Frage-Antwortrunde

Feuer frei für die Fragen! Der Auftragnehmer stellt konzentriert seine Fragen. Der Auftraggeber reagiert darauf. Die Fragerunde hat durch das schriftliche Briefing, die Agenda und eine allen

Teilnehmern vorliegende Frageliste eine erkennbare Struktur. (Dauer: 40 Minuten)

Technische Fragen und weitere Vorgehensweise

Zum Abschluss sind Details zu Umfang, Termin und Form des Konzepts zu klären. Darüber hinaus wird festgelegt, wie der weitere Kontakt zwischen beiden Seiten läuft. (Dauer: 10 Minuten)

Bisweilen fällt es Auftragnehmern ein, einen Teil des Briefings für eine eitle Selbstdarstellung zu verschwenden. Da wird mit einer tollen Powerpoint-Präsentation, gezeigt was man kann. Das kostet wertvolle Zeit und dient nicht der Lösung Ihres Problems. Scheuen Sie sich als Auftraggeber nicht, eine solche Präsentation freundlich aber bestimmt zu stoppen und zur Tagesordnung überzugehen.

Taktik: Tipps und Techniken für die Gesprächsführung

Der Auftragnehmer muss mit einem glasklaren und umfassenden Bild aus dem Gespräch kommen. Das ist das erklärte Ziel und daran orientiert sich die gesamte Gesprächsführung. Die Rollenverteilung im Briefinggespräch ist daran ausgerichtet. Der Auftragnehmer ist in der Vorhand, er stellt die Fragen und führt durch das Gespräch. Sie als Auftraggeber sitzen zwar in der Rückhand, spielen aber dennoch die Hauptrolle. Sie antworten so fundiert und anschaulich wie möglich. Punkt für Punkt werden allen offenen Fragen abgearbeitet und Klarheit geschaffen. Die Umschreibung *„freundliches Verhör"* sagt eigentlich schon alles über den Charakter der Veranstaltung. Folgende Orientierungspunkte erleichtern die Führung des Gesprächs:

Das Wichtigste zuerst

Der Auftragnehmer sollte im Gespräch sofort nach der Einleitung auf den Kern der Sache kommen und die wesentliche Knackpunkte ausleuchten. Erst wenn der Kern geklärt ist, kommen periphere Fragen an die Reihe.

Nachfragen und Widersprechen erlaubt

Ihr Auftragnehmer muss Ihre Aussagen nicht für bare Münze nehmen. Er ist nicht ins Briefinggespräch gekommen, um Wohlgefallen zu erzeugen, sondern um Klarheit zu schaffen. Es handelt sich um ein *„freundliches Verhör"*. Deshalb ist es dem Briefingnehmer ausdrücklich erlaubt, an bestimmten Punkten nachzuhaken und Ihre Angaben intelligent in Frage zu stellen.

Keine Diskussion

Kontroverse Diskussionen sind nicht verboten, aber der Zweck des professionellen Briefings ist nicht der Austausch von Standpunkten, sondern die Vermittlung von Wissen. Darum dürfen kritische Punkte zwar angesprochen, sie sollten aber im Rahmen des Briefings nie ausdiskutiert werden. Das kostet wertvolle Zeit.

Keine Abschweifungen

Auf beiden Seiten gibt es möglicherweise Zeitgenossen, die sich gerne reden hören. Der Auftragnehmer verbindet seine Frage mit einer ellenlangen Erläuterung. Der Auftraggeber nutzt seine Antwort zu einem wortreichen aber nicht aufgabenrelevanten Exkurs über die wechselvolle Historie des Unternehmens. In beiden Fällen sollte eingehakt und das Gespräch wieder zurück auf Schiene gesetzt werden. *„Das geht weit über unser Thema hinaus. Wir haben nur noch 15 Mi-*

nuten Zeit, lassen Sie uns zurück zur Sache kommen." Eine solche Aussage ist keine mangelnde Höflichkeit, sondern im Briefinggespräch oft eine Notwendigkeit.

Nicht an der Frageliste kleben

Es ist wichtig, eine Frageliste zu haben. Sie hilft, das Gespräch zu lenken. Aber es geht im Gespräch nicht darum, die Fragen im Stile einer Einkaufsliste von oben nach unten abzuarbeiten. Die Beteiligten gehen mit den Fragen intelligent um. Sie ziehen, falls es sich aus dem Gespräch ergibt, Fragen von unten auf der Liste vor. Oder sie stellen eine nach Liste gerade anstehende Frage zurück, weil sie just in diesem Moment nicht in die Gesprächslinie passt. Man kann bei Bedarf ohne weiteres auch zusätzliche Fragen einbauen, die gar nicht auf der Liste standen.

Mit strategischer Umsicht fragen und antworten

Im Briefinggespräch geht es darum, die grundlegende Konstellation der Aufgabe zu beleuchten. Es geht noch nicht um die Details der Umsetzung. Okay, wenn man in einem Nebensatz erwähnt, dass im Werbemittellager noch 10.000 Imagebroschüren liegen, die unbedingt eingesetzt werden sollten, dann geht das in Ordnung. Wenn man aber mehrere Minuten mit der Überlegung verbringt, was mit den Broschüren konkret passieren könnte, dann hat man das Instrument des strategischen Briefings nicht richtig verstanden.

Auch über Schwächen und Risiken reden

Es kann nur eine realistische Problemlösung entstehen, wenn der Briefingnehmer auch die Schattenseiten kennt und einschätzen kann. Es muss offen über Fehler des Unternehmens oder des Produktes geredet werden. Die Risiken draußen im Umfeld sind realistisch einzuschätzen und ins Kalkül zu ziehen. Wenn Sie falsche Tatsachen vorspiegeln, dann bekommen Sie ein paar Wochen später ein fehlerhaftes Ergebnis retour.

Immer konstruktiv bleiben

Das gilt für beide Seiten! Manche Briefinggespräche wachsen sich zu einer Generalabrechnung aus. Kritische Töne in Moll überwiegen. Der Auftragnehmer bohrt gnadenlos in die offenen Wunden des Unternehmens. Der Auftraggeber gibt ihm Recht und bricht in das große Klagen aus. Ein Briefinggespräch ist jedoch stets der erste große Schritt zur Problemlösung, deshalb muss die Grundstimmung positiv sein.

Auf Linie des schriftlichen Briefings bleiben

Jedes Briefinggespräch entwickelt eine gewisse Eigendynamik, das liegt in der Natur der Sache. Es darf aber nicht so weit gehen, dass die Gesprächsinhalte plötzlich in eine ganz andere Richtung als das schriftliche Briefing laufen. Man darf nicht im schriftlichen Briefing *„Hüh"* schreiben und im mündlichen Gespräch anschließend *„Hott"* sagen. Das schriftliche Briefing ist und bleibt in (fast) jedem Fall die bindende Richtschnur für das Gespräch. Gewisse Korrekturen und Anpassungen sind erlaubt, mehr aber nicht.

Zur Lockerung psychologische Fragen stellen

Dieser Tipp wendet sich speziell an die Auftragnehmerseite. Bleibt der Auftraggeber in seiner Rolle als Antwortender steif und gibt nur *„amtlich beglaubigte"* oder *„fassadenartige"* Antworten, dann sollte man versuchen, die Schale mit dem psychologischen Hebel aufzubrechen.

Der letzte Punkt der psychologischen Fragen bedarf der Erläuterung. Psychologische Fragen haben zumeist assoziativen Charakter. Der Fragensteller wählt einen neuen überraschenden Blickwinkel für die Sichtweise des Antwortenden und öffnet ihm so – mit etwas Glück – einen freieren Blick auf die Dinge. Hier kommen drei beispielhafte Fragen, die das Prinzip verdeutlichen:

„Herr Müller, stellen Sie sich doch bitte einmal vor, ihre geplante Filialeröffnung nächstes Jahr wäre ein bekannter Spielfilm. Welchen Film würden Sie sehen wollen? Und warum?"

„Lassen Sie Ihrer Fantasie freien Lauf. Sie haben drei Wünsche frei! Was wollen sie in fünf Jahren mit Ihrem Verband auf Bundes- und Landesebene erreicht haben?"

„Stellen Sie sich vor, Ihr Unternehmen wäre ein Auto. Welches Auto wäre da zurzeit realistisch? Und welches Auto wäre Ihr Traum?"

Solche psychologischen Fragen darf es im Briefinggespräch nur wenige geben. Zwei bis drei Fragen vielleicht, die mit Fingerspitzengefühl eingestreut werden. Auch zünden die Fragen besser, wenn sie erst in der zweiten Hälfte des Gesprächs eingestreut werden, die antwortende Seite muss sich vorher schon warmgelaufen haben.

Ein viertes und letztes Bespiel soll noch einmal die Vorteile der assoziative Fragetechnik vertiefen. Üblicherweise fragt man im Briefinggespräch: *„Mal ehrlich, Frau Hoffmann, welche Schwächen*

hat denn ihre Hausverwaltung." – Spontan kommt dann fast immer die gleiche Antwort: *„Natürlich keine Schwächen!"* Man zweifelt die Antwort freundlich aber bestimmt an, bohrt weiter nach und hat große Mühe, den Schwächen auf den Grund zu gehen. Wie wäre es deshalb mit dem assoziativen Weg? Man fragt: *„Stellen Sie sich vor, sie wären nicht bei der XY GmbH, sondern die Marketingleiterin Ihres schärfsten Konkurrenten. Mit welchen Argumenten würden Sie gegen XY in Angriff gehen!"* Die Wahrscheinlichkeit steigt, dass jetzt die Hemmschranke fällt, und der Antwortende die tatsächlichen Schwächen geradewegs aufs Korn nimmt.

Zwei unangenehme Situationen können in jedem mündlichen Briefing eintreten. Im ersten Fall gehen dem Auftragnehmer die Fragen aus und das Gespräch verebbt vor Ablauf der Zeit. Wie peinlich! Das zeugt von mangelnder Vorbereitung und teilweise vielleicht auch von fehlendem Interesse. So ein Briefinggespräch ist die große einmalige Chance, und jeder clevere Auftragnehmer sollte sie bis zur letzten Minuten zu nutzen wissen. Im zweiten Fall tritt das Gespräch auf der Stelle und kommt mit der Frageliste nicht voran. Die Zeit wird immer kürzer, aber die Runde kämpft noch mit den ersten Punkten auf der Liste. Das ist ein deutliches Zeichen von Schwäche in der Gesprächsführung. Der Auftragnehmer kann die Situation lösen, in dem er sich endlich ein Herz fasst, das Gespräch strafft und nach vorn treibt. Andererseits lässt sich das Problem auch durch den Auftraggeber lösen, der sich zu einer Verlängerung der Gesprächszeit bereit erklärt.

Den Abschluss bildet eine wesentliche Erkenntnis für Sie als Auftraggeber. Ein gutes professionelles Briefing löst auch bei Ihnen einen Lernprozess aus. Durch die geschickten Fragen Ihres Gegenübers erlangen Sie selbst neue Erkenntnisse und Einsichten. Nicht nur der Auftragnehmer, auch der Auftraggeber ist durch das Briefinggespräch schlauer geworden. Genau so sollte es sein!

Inhalte: Fragen und Antworten, die für Transparenz sorgen

Grundsätzlich rückt das gesamte Themenspektrum des schriftlichen Briefings auch ins Blickfeld des Briefinggespräch. Alle dort definierten technischen und inhaltlichen, externen und internen Themenfelder können ins Gespräch kommen.

Welche dieser Themen nun im Einzelfall spruchreif werden, lässt sich nur mit *„Es kommt darauf an"* beantworten. Es kommt darauf an, was im schriftlichen Briefing und in den beiliegenden Briefingmaterialien fixiert wurde. Das Briefingpapier gibt die Richtung vor, an dem sich die Fragen des mündlichen Briefings orientieren.

Mit dem schriftlichen Briefing haben Sie ein grobes Mosaikbild gezeichnet, das an einigen Stellen vielleicht noch Lücken hat, bei dem Mosaiksteine falsch gesetzt oder beschädigt sind. Im mündlichen Briefing kommt es darauf an, dass Sie für Ihren Auftragnehmer das Mosaik zu einem klaren und kompletten Bild ausbauen. Die Gesprächsinhalte konzentrieren sich auf:

▪ **Aufgabenrelevante Sachinformationen** – die im schriftlichen Briefing fehlten, unverständlich oder widersprüchlich waren.

▪ **Ergänzende Hintergrundinformationen** – die den bereits vorliegenden Fakten und Sachinfos einen besseren Verständnisrahmen geben.

▪ **Praktische Beispiele** – die durch Geschichten und Berichte aus der Praxis die gestellte Aufgabe lebendig und griffig machen.

▪ **Subjektive Bewertungen** – die die objektive Sachlage in Relation zur persönlichen Einschätzung setzen und so manchen Fakt des schriftlichen Briefings plötzlich in einem ganz anderen Licht erscheinen lassen.

▪ **Relevante Interna** – die vor dem Hintergrund der Aufgabenstellung die Motivationen und Kompetenzen von Auftraggeber und Auftragnehmer verdeutlichen.

▪ **Erste Ideensplitter** – die als kreative Versuchsballone dienen und einen ersten völlig unverbindlichen Orientierungsrahmen für beide Gesprächsseiten schaffen.

Während das schriftliche Briefing zu 90 Prozent aus sachlichen Informationen bestand, verschiebt sich im anschließenden Gespräch die Gewichtung. Jetzt kommen emotionales Engagement und der persönliche Transfer stärker ins Spiel.

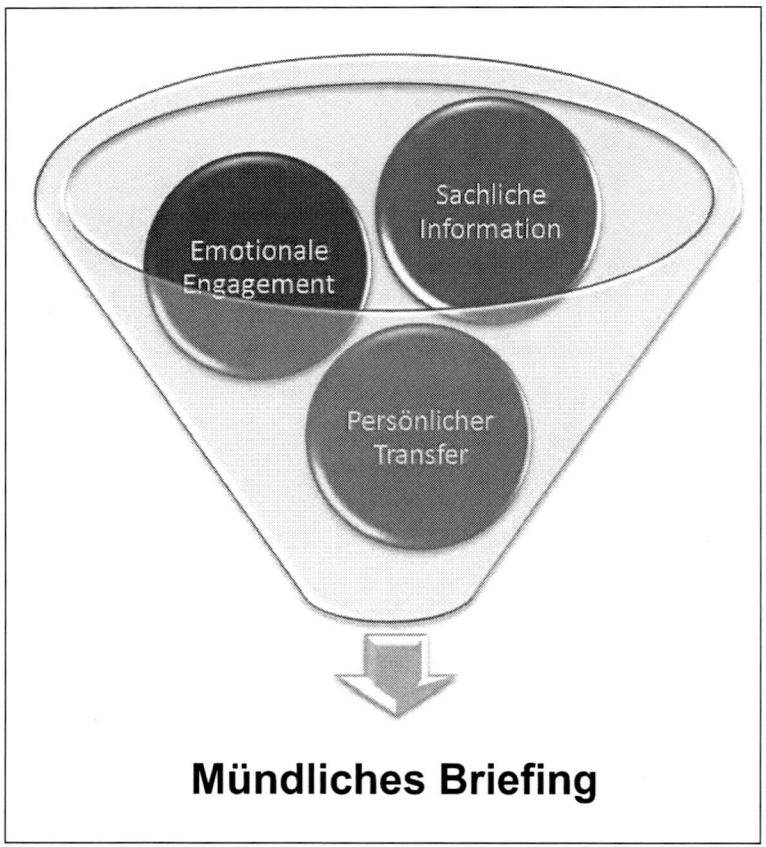

Mündliches Briefing

Abbildung 17:
Die „Zutaten" des mündlichen
Briefings

Mitschneiden: Ein Verlust an Vertrautheit

Manche Auftragnehmer bringen Ihren MP3-Rekorder mit zum Briefinggespräch und fragen ihren Gesprächspartner, ob sie den Dialog mitschneiden dürfen. Meist stimmt der Partner zu.

Es spricht einiges für den Mitschnitt des Briefinggesprächs. Der Rekorder erleichtert das Leben für den Auftragnehmer. Es bleiben hundert Prozent der Informationen erhalten. Man kann sich das Ganze hinterher noch mehrere Male in Ruhe anhören und so fällt es einfacher, auch schwierige Zusammenhänge zu erfassen. Der daraus resultierende Briefingbericht hat eine hohe Qualität.

So gut kann ein Bericht, der auf Grundlage von handschriftlichen Notizen entstanden ist, nie werden.

Dennoch sei an dieser Stelle von einem Mitschnitt abgeraten. Sobald der Rekorder mitläuft, verändert sich nämlich die Stimmung im Raum. Der Auftraggeber wägt ab, was er sagt. Seine Aussagen werden zögerlicher, wirken förmlicher. Es gibt keinen Flurfunk, keine informellen Wahrheiten, keinen Blick hinter die Kulissen mehr! Der Ton bekommt etwas Offizielles. Ein offenes und ehrliches Gespräch in vertrauensvoller Atmosphäre ist kaum noch möglich.

Erweiterungen: Präsentation, Demonstration und Besichtigung

In den meisten Fällen besteht der Briefingtermin aus einem Tischgespräch mit Kaffee, Tee und den obligaten Bürokeksen im Sitzungsraum Ihres Unternehmens. Je nach Situation und Aufgabe kann dieser Gesprächstermin durch weitere Programmpunkte erweitert werden. Nichts ist so aufschlussreich wie die Realität. Es macht Sinn, Ihren Auftragnehmer mit den Tatsachen der Kommunikationsaufgabe vertraut zu machen.

Eine aufschlussreiche Ergänzung kann zum Beispiel eine Präsentation des Auftraggebers sein. Sie veranschaulichen wichtige Zusammenhänge multimedial per Videofilm, Foto, Schaubild oder Powerpoint-Folie. Falls also die Aufgabe zum Beispiel lautet, ein Konzept für den nächsten Tag der offenen Tür zu entwickeln, dann kann es instruktiv sein, am Anfang der Briefingrunde ein kurzes Video mit Impressionen vom letzten Tag der offenen Tür zu zeigen.

Die Präsentation darf nur wenige Minuten lang sein. Sie steht in der Regel am Anfang des gemeinsamen Briefinggesprächs und vermittelt dem Auftragnehmer wertvolle dokumentarische Eindrücke und verbessert sein Gespür für das Gesprächsthema. Im Mittelpunkt des Termins stehen aber auf jeden Fall die unmittelbar anschließenden Fragen und Antworten. Für den Dialog muss der größte Teil der Zeit reserviert bleiben.

Bei Aufgaben, die sich um greifbare Produkte oder Dienstleistungen drehen, kann darüberhinaus eine authentische Demonstration Sinn machen. Der Auftragnehmer lernt das Objekt seines Konzepts authentisch kennen und probiert es vielleicht sogar aus. Soll ein Kommunikationskonzept für ein neuartiges Elektroauto geschrieben werden, dann könnte sich direkt an das Briefinggespräch eine Probefahrt anschließen. Oder es wird ein neuer löslicher Kaffee thematisiert. In diesem Fall liegt es nahe, den frisch gebrühten Kaffee zum Probieren auf den Tisch zu stellen.

Viele Auftraggeber führen Ihren Auftragnehmer im Anschluss an das Briefing durch das eigene Haus. Dies ist eine Geste der Gastfreundschaft. Wenn Ihr Auftragnehmer bei dieser Besichtigung noch einen realistischen Einblick in die Produktion oder die Verkaufsräumen bekommt – umso besser.

Lieber Auftraggeber, das mündliche Briefing ist keine Routineveranstaltung, sondern ein entscheidender Meilenstein. Begeistern Sie Ihren Auftragnehmer für die anstehende Aufgabe! Bringen Sie ihn auf Tuchfühlung! Wenn er Feuer fängt, und voll dahinter steht, dann wird seine Arbeit um Klassen besser sein.

Ein mündliches Briefing darf aber andererseits auch keine Showveranstaltung werden. Überlegen Sie, ob es Präsentationen, Demonstrationen oder Besichtigungen gibt, die den Eindruck wesentlich vertiefen. Und wenn ja, dann zögern Sie nicht! Wenn nein, dann haben diese und andere Erweiterungen im Rahmen der Briefings nichts verloren.

Bisweilen wären die zusätzlichen Programmpunkte zwar aufschlussreich, passen aber zeitlich und organisatorisch nicht in den Rahmen des mündlichen Briefings. Dann muss ein zweiter Termin vereinbart werden. Der sollte allerdings zeitnah erfolgen, um die weitere Konzeptentwicklung nicht zu verzögern.

Anzahl: Es darf ein bisschen mehr sein

In den meisten Fällen sollte ein einziges Briefinggespräch ausreichen, um die Richtlinien des schriftlichen Briefings zu vertiefen. Das ist jedoch kein Dogma. Es muss nicht bei einem Gespräch bleiben. Bei komplexen, strategischen Konzeptionsaufträgen können schon einmal zwei, drei oder vier weitere Briefinggespräche hinzukommen. Aber eine solche Gesprächsserie sollte die seltene Ausnahme bleiben.

Wann sind mehrere Gespräche in Folge ratsam? Immer dann, wenn das Spektrum der Aufgabe so viele Facetten hat, dass sie sich in einem einzigen Gespräch nur lückenhaft oder sehr oberflächlich erfassen lassen. Damit der Auftraggeber einen vollständigen Überblick bekommt, wird das gesamte Briefing in mehrere mündliche Detailbriefings unterteilt. In der Praxis ist dies vor allem in folgenden Situationen der Fall:

▨ Komplexe Marktsituation

Das Unternehmen ist in mehreren Märkten oder Ländern aktiv, die sehr unterschiedlich funktionieren. Es ist ratsam mit allen betroffenen Niederlassungen und Landesvertretungen zu reden, um die Unterschiede besser abschätzen zu können.

▨ Komplexes Angebot

Das Konzept soll ganz unterschiedliche Produkt- und Kundengruppen erfassen, die beispielsweise von mehreren spezialisierten Produktmanagern gesteuert werden.

▨ Komplexes Know-how

Es muss ein strategisches Konzept für ausgesprochen erklärungsbedürftige Produkte oder Dienstleistungen entwickelt werden. Das macht es notwendig, dass mehrere Spezialisten und Fachabteilungen im Haus gehört werden, um ein sachkundiges Bild zu bekommen.

▨ Komplexe Entscheidungsstruktur

In Ihrem Haus sind viele unterschiedliche Abteilungen und Führungskräfte durch die anstehende Aufgabe tangiert. Um die Interessenkonstellationen (und eventuelle Kollisionen) kennenzulernen, sollte der Auftragnehmer mit allen sprechen – und zwar in separaten Einzelrunden, die offene und verlässliche Einblicke bieten.

Der Vorteil von mehreren Detailbriefings im Vergleich zur großen Briefingrunde ist, dass Ihr Partner mehr Tuchfühlung zum Thema und zu den handelnden Personen in Ihrem Unternehmen bekommt. Er steigt erheblich tiefer in die Aufgabe ein.

In der Regel werden die Termine der Detailbriefings von Ihnen längerfristig vorgeplant und alle an einen Tag gelegt. Der Auftragnehmer kommt ins Unternehmen und führt die Gespräche nacheinander. Sie als Briefingkoordinator im Unternehmen sollten übrigens bei allen Gesprächen dabei sein. Denn sobald Sie die Gespräche ohne Steuerung laufen lassen, entwickeln sie eine enorme Eigendynamik. Ihr Auftragnehmer gerät unter fremde Einflüsse und driftet von dem vorgegebenen Briefingkurs ab, ohne dass Sie das mitbekommen.

Briefingbericht

Briefinggespräch Kulturherbst

Termin: 5. Juli 2007
Thema: Briefing Sponsoring Kulturherbst

Teilnehmer:

- Herr Dr. Franz Jäger (Kulturdezernat)
- Frau Evi Hermann (Concept & Co.)
- Herr Jörg Scholzmann (Concept & Co.)

Inhalte:

Wie in den Vorjahren sollen auch für den Kulturherbst 2007 Sponsoren gefunden werden. In diesem Jahr kommt es dem Dezernat darauf an, die Zahl der Partner zu verringern und das Engagement des einzelnen Partners zu erhöhen.

Es wurde noch einmal ausdrücklich darauf hingewiesen, dass Branchen wie Spirituosen und Zigaretten als Sponsoren ausgeschlossen sind. Ansonsten gibt es keine Einschränkungen.

Das Dezernat wies darauf hin, dass die Pharma- und Gesundheitsbranche eine der wichtigsten Wirtschaftszweige der Stadt darstellt. Die ansässigen Unternehmen engagieren sich seit vielen Jahren stark im Bereich des Sponsorings und des Mäzenatentums. Davon hat aber der Kulturherbst bisher nicht profitieren können. Das sollte sich ändern. Concept & Co wird konzeptionelle Vorschläge entwickeln, wie diese wichtige Zielgruppe gezielt angesprochen werden könnte.

Hauptvorteil für Sponsoren dürfte in diesem Jahr der Sponsorenempfang sein, der erstmalig stattfindet und bei dem ein bekannter Theaterregisseur eine Rede halten wird. Auch der Ministerpräsident hat sein Kommen zugesagt. Es wurde angeregt, den Empfang als Neuigkeit und Anreiz in den Vordergrund der Sponsorenansprache zu rücken.

Um dem Sponsoring neuen Schwung zu geben, müssen neue ungewöhnliche Ideen zur Sponsorenwerbung entwickelt werden. Auch sollte versucht werden, den Kreis der Ansprache deutlich zu erweitern. Abweichend zum schriftlichen Briefing ist aber von der Ansprache von Privatpersonen als Sponsoren abzusehen. Zur Erleichterung der Arbeit wurde eine Liste der Vorjahressponsoren übergeben. Concept & Co hat die diskrete Behandlung der Liste zugesagt.

Die Beteiligten sind sich darüber im Klaren, dass der Zeitraum bis zur Veranstaltung für eine Sponsorensuche sehr knapp ist. Das benötigte Konzept soll deshalb unbedingt bis zum Beginn der Sommerferien vorgelegt werden. Das Dezernat sagt eine sofortige Entscheidung nach Kenntnisnahme zu.

Das Konzept darf maximal neun Seiten umfassen. Wichtig ist ein durchdachter Strategieteil, der konkrete Vorschläge zur Positionierung des Kulturherbstes bei den Sponsoren umfasst. Eventuell wäre sogar die Gründung eines Sponsorenclubs zur langfristigen Bindung der Partner möglich. Das Dezernat erwartet diesbezügliche Vorschläge.

Concept & Co hat zugesagt, dass das Konzept eine Zeitplanung und eine detaillierte Kostenkalkulation beinhaltet. Die Kalkulation muss brutto – inklusive der Mehrwertsteuer – erfolgen.

Der Briefingbericht bildet die Grundlage der weiteren Arbeit. Er gilt als korrekt und vereinbart, sofern der Auftraggeber nicht binnen sieben Werktagen nach Zustellung Änderungen einbringt oder widerspricht.

Nachbereitung: Missverständnisse ausgeschlossen

Das mündliche Briefing spiegelt sich mit seinen markanten Konturen in einem schriftlichen Briefingbericht wider. Vorzugsweise erstellt der Auftragnehmer diesen Bericht. Es empfiehlt sich, die Ausarbeitung unmittelbar nach dem Gespräch zu beginnen, so lange der O-Ton des Briefings noch im Kopf ist. Wer erst Tage später an die Ausarbeitung geht, muss sich nicht wundern, wenn er Probleme hat, die wichtigen Punkte des Gesprächs in Zusammenhang zu bringen.

Der Briefingbericht dokumentiert die neuen hinzugekommenen Sachinformationen und maßgeblichen Ergebnisse des gemeinsamen Gesprächs. Er ergänzt das ursprüngliche schriftliche Briefing. Subjektive Faktoren und persönliche Einschätzungen aus dem Gespräch haben in diesem Papier allerdings nichts zu suchen. Hat der Marketingleiter im Gespräch erwähnt, dass sein Vorstand nicht lange zuhören kann, dann ist diese diskrete Information sehr wertvoll für die abschließende Präsentation des Konzepts. Im schriftlichen Bericht wäre sie völlig deplatziert.

Ihr Auftragnehmer bringt seinen Bericht zu Papier und schickt ihn per E-Mail oder Fax an Ihre Adresse. Sie werden um kritische Lektüre und Korrektur gebeten. Dieser Bitte sollten Sie folgen. Legen Sie den Bericht nicht einfach in die Ablage. Lesen Sie ihn aufmerksam durch. Denn da Ihr Auftragnehmer noch nicht sattelfest im Thema ist, beinhaltet sein Briefingbericht vermutlich einige Fehler und Missverständnisse. Wenn Sie die substanziellen Fehler nicht gewissenhaft korrigieren und erklären, dann baut Ihr Auftragnehmer möglicherweise

seine weitere strategische und kreative Planungsarbeit darauf auf – mit negativen Folgeerscheinungen für das Konzept. Schicken Sie ein kurzes E-Mail mit konkreten Korrekturen retour. Konkrete Angaben sind wichtig. Schreiben Sie nicht „zu allgemein" an den Rand eines Satzes zur Umsatzentwicklung, sondern *„Hier bitte die Umsatzzahlen 2006 aller Filialen einfügen".*

Engagierte Auftragnehmer werden übrigens nachbohren, wenn Sie mit den Korrekturen auf sich warten lassen. Die Partner nehmen nach ein paar Tagen Kontakt auf, um ein Okay für ihren Bericht zu bekommen. Wenn es sein muss, rufen sie sogar mehrere Male an und mahnen, schließlich wollen sie eine gute Arbeit abliefern.

Sollte der Bericht vom mündlichen Briefinggespräch zu viele Fehler beinhalten – auch das kommt vor – dann können Sie den Auftragnehmer auffordern, eine fehlerfreie Version 2.0 des Briefingberichts anzufertigen und noch einmal zu mailen. Falls der Bericht völlig daneben liegt, ist sogar der Verdacht berechtigt, dass der Auftragnehmer mit dem Projekt überfordert sein könnte. Treffen Sie eine Entscheidung. An dieser Stelle wäre ein Partnerwechsel noch ohne große Blessuren möglich.

Damit steht das mündliche Briefing. Der Kern des Briefingprozesses ist abgewickelt. Zumindest Sie als Auftraggeber können sich ab jetzt relativ entspannt zurücklehnen. Für den Auftragnehmer beginnt nun die eigentliche Arbeit. Aus den Briefingvorgaben wird das konkrete Konzept entwickelt.

O-Töne aus Briefinggesprächen

Die Zitate stammen aus verschiedenen Briefinggesprächen und wurden aus dem Gedächtnis zitiert. Es sind ausnahmslos Aussagen von Auftraggebern. Die Beispiele zeigen die Vielfalt der Schwierigkeiten, mit denen man im Briefing konfrontiert werden kann:

„Hatte ich vorhin im Fahrstuhl knapp zwei Minuten Zeit mit unserem Vorstand zu reden, der mir folgende Marschroute für Sie mit auf den Weg gegeben hat."

Kommentar: Der Vorstand scheint an der Aufgabe stark interessiert zu sein. Nur hat er in zwei Minuten wirklich das Wesentliche gesagt? Hat ihn sein Mitarbeiter richtig verstanden? Der Auftragnehmer sollte versuchen, einen direkten Gesprächstermin mit dem Vorstand zu bekommen.

„Was Ihr Werbe- und PR-Leute uns schon so alles erzählt habt. Glauben Sie mir, wir sehen Ihre Aussagen alle mit einer kritischen Distanz."

Kommentar: Da hat ein Auftraggeber schlechte Erfahrungen gemacht. Wenn es dem Partner nicht gelingt, Vertrauen aufzubauen, dann wird sein Konzept einen schweren Stand haben.

„Ein integriertes Konzept wäre schon der richtige Weg. Aber wissen Sie, unsere Presseabteilung macht nur Dienst nach Vorschrift. Den Bereich Medienarbeit können Sie sich deshalb sparen."

Kommentar: Von wegen! Der Bereich Medienarbeit darf nicht unter den Tisch fallen. Der Auftragnehmer sollte um die Integration kämpfen. Er sollte versuchen, die Presseabteilung mit Einfühlungsvermögen zu motivieren.

„Gestern Abend in der Oper hatte meine Frau eine Idee. Was sollen diese ganzen Strategiekrämereien! Unser Unternehmen braucht dringend eine Hymne. Stellen Sie das in Ihrem Konzept ganz nach vorne."

Kommentar: Die erste Zielgruppe ist immer der Auftraggeber. Er soll seine Hymne bekommen. Dennoch darf der Auftragnehmer auf eine klare Strategie nicht verzichten. Nur muss sie so handfest und einleuchtend sein, dass beim Auftraggeber kein „Krämer-Verdacht" ausgelöst wird.

„Unser Controller wird an der Präsentation teilnehmen und ein waches Auge auf das Konzept haben. Bei uns dreht sich zurzeit alles um die Kosten."

Kommentar: Oh, oh, das dürfte nicht einfach werden! Es empfiehlt sich, alle wichtigen Maßgaben des Konzeptes mit Zahlen zu unterfüttern und die Effizienz der Aktivitäten überzeugend herauszuarbeiten.

5. Schritt: Rebriefing und Schulterblick – Kurs korrigieren

Recherche: Die externe Sicht einholen

Während Sie sich anderen Aufgaben widmen, sitzt Ihr Auftragnehmer in seinem Büro und sichtet mit der nötigen Sorgfalt das schriftliche Briefing, den Gesprächsbericht zum mündlichen Briefing und das flankierende Briefingmaterial.

Wenn Ihr Partner gründlich arbeitet und seine Aufgabe ernst nimmt, dann wird er nach dem mündlichen Briefing nicht postwendend in das Konzept einsteigen und die Problemlösung erarbeiten. Er wird Ihren Briefingangaben vielmehr eine gesunde Portion Misstrauen entgegenbringen. Das ist ein Zeichen von durchdachter Planung und nicht von Paranoia. Denn mal ehrlich, Sie stecken bis über beide Ohren im Arbeitsalltag Ihres Unternehmens und haben wahrscheinlich schon die berüchtigten betrieblichen Scheuklappen auf. Darum geht Ihr Briefingpartner auf Nummer sicher und beginnt im nächsten Arbeitsschritt mit einer externen Recherche, um die maßgeblichen Aussagen des Briefings zu überprüfen und zu ergänzen. Er sichtet zum Beispiel die Fachpresse, besorgt sich aktuelle Studien der relevanten Verbände, spricht mit Branchenexperten und befragt vielleicht sogar Kunden. Er geht also nach draußen ins Umfeld und überprüft über neutrale dritte Quellen Ihre Briefingangaben. Im letzten Kapitel wurde vom „freundlichen Verhör" gesprochen. Um im Bild der Kriminalistik zu bleiben: In der Recherchephase werden „die Aussagen des Verhörs" überprüft und durch „zusätzliche Indizien" ergänzt.

Gelegentlich deckt der Auftragnehmer im Rahmen der Recherche Verzerrungen und Widersprüche zwischen Unternehmen und Umfeld auf. Das im Briefing vermittelte Eigenbild stimmt nicht mit dem in der Recherche entstehenden Fremdbild überein. Augenblicklich sollten im Kopf die roten Warnlämpchen aufleuchten. Ist die Abweichung von besonderer Relevanz für die gestellte Aufgabe, dann wird sich der Gebriefte beim Briefenden melden und um ein klärendes Gespräch bitten. Der übliche Terminus für ein solches Gespräch ist „Rebriefing".

Analyse: Aus Briefingfakten werden Konzeptfaktoren

Mal angenommen, ein Rebriefing ist nicht notwendig, da Ihr Partner keine nennenswerten Abweichungen feststellt. Er hat zwar im Rahmen der Recherche einige zusätzliche wertvolle Erkenntnisse gewonnen, aber die haben Ihre Aussagen nur weiter bekräftigt. Mit Briefing und Recherche zusammengenommen liegen jetzt alle für die Aufgabenstellung relevanten Fakten auf dem Tisch. Wahrscheinlich ist ein ganzer Stapel an Informationen zusammengekommen.

Um effizient am Konzept arbeiten zu können, ist noch ein weiterer analytischer Arbeitsschritt erforderlich. Es gilt, die Menge der Fakten zu reduzieren – und zwar genau auf die Fakten, die für das anstehende Projekt von essenzieller Wichtigkeit sind. Es wird also systematisch gefiltert und verdichtet. Man sagt auch: Die Vielzahl der Fakten wird auf die für das Konzept maßgeblichen Faktoren konzentriert. In der Regel nutzt man zur Verdichtung ein in Marketing oder Kommunikation bewährtes Analysemodell. Es steht eine ganze Palette von Analysemodellen zur Verfügung. Das gängigste Modell dürfte die sogenannte SWOT-Analyse (Strength, Weakness, Opportunities, Threats) sein, bei der die konzeptionsrelevanten Faktoren in die vier Bereiche Stärken, Schwächen, Chancen und Risiken eingeteilt werden. Ganz gleich wie viele Informationen in Briefing und Recherche zusammengekommen sind, am Ende bleibt als Bilanz nur ein einziges Blatt Papier übrig. Das markante Profil der Ist-Situation verdichtet sich hochkonzentriert in der SWOT auf ein Blatt Papier.

Von diesem Analyseprozess bekommen Sie als Auftraggeber in der Regel überhaupt nichts mit. Die eigentliche Analyse liegt in der vollen Verantwortung des Auftragnehmers. Dennoch sollten Sie später in der abschließenden Präsentation der Konzeptergebnisse, die Analyse nicht ausblenden. Bitten Sie den Auftragnehmer, dass er die Ergebnisse seiner Analyse zum Einstieg seiner Präsentation kurz zusammenfasst. So erkennen Sie, ob und inwieweit Ihr Partner in die analytische Arbeit eingestiegen ist. Gehört er zur Gattung der Überflieger oder ist er der Sachlage auf den Grund gegangen? Sie erkennen zudem, ob Ihr Auftragnehmer die Sachlage tatsächlich verstanden hat. Betet er nur Ihre Briefingangaben nach oder sind eigene Erkenntnisse und Überlegungen in die Analyse eingeflossen?

Strategie: Tragende Pfeiler ins Konzept einziehen

Auf dem Fundament der Analyse setzt Ihr Auftragnehmer im nächsten Arbeitsschritt die tragenden Pfeiler seiner Strategie. Während sich in der Analyse der Ist-Status widerspiegelt, entwickelt die Strategie die daraus abgeleiteten Soll-Konsequenzen.

Spätestens im mündlichen Briefinggespräch sollten Sie für diesen entscheidenden konzeptionellen Arbeitsgang die Weichen stellen. Sie skizzieren die strategische Richtung. Die Richtungsangaben können einen unterschiedlichen Grad von Verbindlichkeit haben:

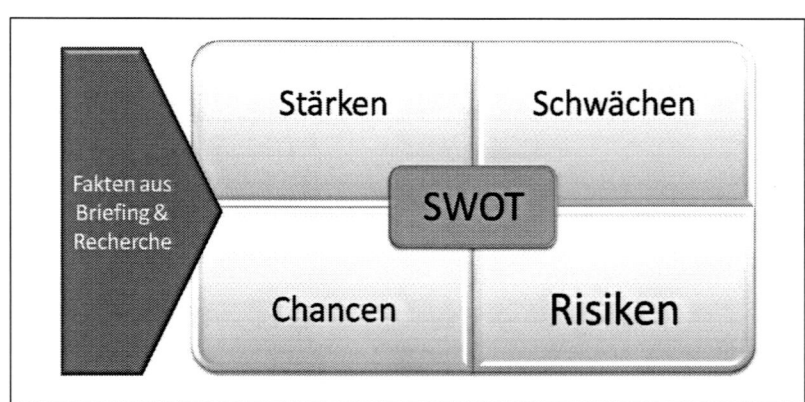

Abbildung 18:
Die Briefingfakten
zu SWOT-Faktoren
verdichten

Direktive Richtung

Sie schreiben dem Auftragnehmer den strategischen Kurs vor. Die von Ihnen im Briefing gemachten Angaben zu Zielgruppen, Zielsetzung und Positionierung sind bindend. Der Auftraggeber darf nur im begründeten Einzelfall davon abweichen.

Kooperative Richtung

Sie skizzieren dem Auftragnehmer zwar Ihre strategischen Vorstellungen, aber binden ihn nicht daran. Sofern gut begründet, darf er Kursänderungen und Präzisierungen vornehmen. Diese sollten aber frühzeitig mit Ihnen abgestimmt werden.

Freie Richtung

Sie bringen im Briefing zwar strategische Koordinaten ins Gespräch, befreien Ihren Auftragnehmer jedoch ausdrücklich von jeglicher Bindung. Er ist aufgefordert, querzudenken und neue Wege zu gehen.

Schritt für Schritt fixiert Ihr Auftragnehmer daraufhin die relevanten strategischen Parameter. Wenn es um ein strategisches Konzept der Unternehmens- und Marketingkommunikation geht, dürften dazu folgende Parameter gehören:

Was soll erreicht werden?

Ihr Auftraggeber legt die maßgebliche Zielkonstellation fest, unterscheidet dabei wahrscheinlich in kurzfristige und langfristige Ziele.

Wen will man erreichen?

Er fokussiert die relevanten Soll-Zielgruppen in ihrer strukturellen Zusammensetzung und in ihrer Typologie. In den Blickpunkt rücken je nach Aufgabenstellung Kundenstamm und -potenziale, Medien und Meinungsführer, Geschäftspartner oder auch die eigenen Mitarbeiter.

Wofür steht man?

Welcher Rolle soll das Unternehmen oder seine Produkte auf der öffentlichen Bühne spielen? Welche klare und prägnante Imageposition ist in den Köpfen der Zielgruppen zu verankern?

Was sind die Botschaften und wie baut sich die Argumentationslinie auf?

Mit welchen Leitaussagen und Nutzenversprechen will man sich ins Gespräch bringen? Wie lassen sich diese Aussagen beweiskräftig begründen?

Wie will man die Inhalte transportieren?

Welche strategische Technik sorgt für den reibungslosen Transport zur Zielgruppe? Welche Instrumente und Kanäle kommen zum Einsatz? Und welche Tonalität soll gewählt werden?

Bisweilen wird Ihrem Auftragnehmer im Rahmen seiner strategischen Planungsarbeit klar, dass seine strategische Denkrichtung deutlich von dem abweicht, was Sie ihm im Briefing vorgegeben haben. Beispielsweise will er aus gutem Grund eine ganz andere Zielgruppe ins Visier rücken als anfangs im gemeinsamen Briefinggespräch besprochen wurde. In diesem Fall ist Ihr Partner gut beraten, noch einmal Kontakt aufzunehmen, um die strategische Kursänderung in einem Rebriefing zur Diskussion zu stellen.

Wer dagegen deutlich vom Briefingkurs abweicht und erst bei Fertigstellung des Konzepts diese Kursänderung (Überraschung! Überraschung!)

bekanntgibt, der handelt eigenmächtig und nicht im Sinne des Auftrags. In einer solchen Situation dürften Sie mit Recht stinksauer auf Ihren Auftragnehmer sein.

Rebriefing: Aufgabe verstanden und auf richtigem Kurs?

Das Rebriefing ist eine flexible Ergänzung zum schriftlichen und mündlichen Briefing. Es versteht sich als ein konstruktives Zwischengespräch von Auftraggeber und Auftragnehmer, bei dem der aktuelle Planungs- und Erkenntnisstand des Auftragnehmers bestimmt und abgeglichen wird. Das Rebriefing ordnet sich terminlich irgendwann in die analytische und strategische Phase der konzeptionellen Arbeit ein. Wann genau, hängt vom aktuellen Verlauf der Konzeption und dem Rückkopplungsbedarf des Auftragnehmers ab.

Das Rebriefing ist ein klärendes und kluges Gespräch auf der strategischen Ebene. Es werden planerische Eckpfeiler und Meilensteine überprüft, aber noch nicht über Details der praktischen Umsetzung gesprochen. Während beim eigentlichen Briefinggespräch der Auftragnehmer die Fragen stellte und Sie mit Ihren Antworten den größten Teil des Gesprächs bestritten, wechseln im Rebriefing die Rollen. Jetzt ist der Auftragnehmer am Zug. Er schildert seine konzeptionelle Sicht der Dinge, während Sie hauptsächlich zuhören, um hier und da lenkend einzugreifen.

In den letzten Jahren hat sich der Kompetenzradius des Rebriefings deutlich erweitert. Früher ging es überwiegend darum, dass der Briefingnehmer noch einmal die Aufgabenstellung interpretiert, damit der Auftraggeber überprüfen kann, ob er richtig verstanden wurde. Heute sind vor dem Hintergrund eines ganzheitlichen Marketing- und Kommunikationsmanagements die Aufgaben des Rebriefings breiter gefasst:

Aufgabenstellung reflektieren

Wie eh und je ist das Rebriefing der Anlass, um noch einmal zu überprüfen, ob der Auftraggeber verstanden hat, worum es geht. Da er sich zwischenzeitlich intensiver mit der Problemstellung und der Sachlage beschäftigt hat, schildert er im Rebriefing noch einmal sein Verständnis der gestellten Aufgabe und der gesammelten Fakten. Er beschreibt das Szenario, von dem ausgehend er sein Konzept entwickelt.

Änderungen der Aufgabenstellung genehmigen lassen

Manchmal spürt der Auftragnehmer während der externen Recherche eine Schwachstelle im Briefing auf, die eine Änderung der vorgegebenen Aufgabenstellung notwendig macht. In diesem Fall ist es seine Pflicht, eine angemessene konzeptionelle Kursänderung vorzuschlagen und zu begründen. Dies passiert in der Regel im Rahmen des Rebriefings.

Strategische Ideen entwerfen

Der Auftragnehmer skizziert erste ganz grobe Konturen seiner strategischen Herangehensweise und lässt den Auftraggeber darauf reagieren. Häufig skizziert der Beauftragte mehrere Möglichkeiten und Varianten an, beleuchtet die Vor- und Nachteile. Der Auftraggeber bekommt so die Chance, nachzusteuern und sich einzubringen.

Zusätzliche Fragen stellen

Trotz aller Sorgfalt im schriftlichen und mündlichen Briefing tauchen in der Ausarbeitung des Konzepts weitere Fragen von Bedeutung auf. Das ist immer so. Das Rebriefing stellt die letzte Gelegenheit dar, um diese Fragen beantwortet zu bekommen.

Neuen Quellen und Fakten bewerten

Im Rahmen der Recherche ist der Briefingnehmer auf neue interessante Quellen und Materialien gestoßen, dessen Glaubwürdigkeit und Relevanz er als Außenstehender nicht endgültig einordnen kann. Deshalb bittet er seinen Auftraggeber im Rahmen des Rebriefings um eine kritische Bewertung.

Viele Auftraggeber berichten, dass Ihr Auftragnehmer auf ein Rebriefing verzichtet hat. *„Das ist doch nicht notwendig. Wir haben voll verstanden, was Sache sei"*, lautete die Begründung. Ein solches Verhalten verwundert. Der Partner nutzt eine wertvolle Optimierungschance nicht. Nimmt er die Aufgabe nicht ernst genug? Fehlt im vielleicht die strategische Kompetenz?

Die Erfahrung zeigt, dass in neun von zehn Fällen ein Rebriefing wichtige neue Erkenntnisse liefert und das konzeptionelle Ergebnis spürbar verbessert. Allerdings gibt es auf der anderen Seite auch Partner, die es mit den Rebriefings übertreiben. Sie fordern nicht nur ein vertiefendes Gespräch, sondern melden sich gleich mehrere Male zum Rebriefing an. Das darf nicht sein. Ein Rebriefing ist nicht dazu da, jede konzeptionelle Kleinigkeit absegnen zu lassen und sich so im Grunde aus der Verantwortung zu stehlen. Wer so kleinkariert auf

Nummer Sicher geht, dürfte sich auch später in der weiteren Projektumsetzung als wenig beherzter Partner entpuppen. Pro Konzept ist ein Rebriefing das normale Maß, bei komplizierten Aufgabenstellungen kann es maximal ein zweites Rebriefing geben, aber dann ist das Maß auch voll.

Welche Form hat ein Rebriefing? Ideal ist ein kurzes mündliches Gespräch im kleinen Kreis. Ein halbe Stunde müsste in den meisten Fällen schon ausreichen. Ist die Zeit knapp und der Stress groß, kann ein Rebriefinggespräch auch per Telefon erfolgen. Wenn es nur wenige und einfache Gesprächspunkte gibt, ist sogar eine Frage- und Antwortrunde per E-Mail machbar.

Achtung! Die Ergebnisse des Rebriefings müssen in einem schriftlichen Gesprächsbericht festgehalten werden. Das gilt vor allem, wenn eine Änderung der Aufgabenstellung besprochen wurde. Denken Sie daran, dass eine nachträgliche Kursänderung eventuell erst bei Ihnen im Haus abgenickt werden muss, bevor sie in Angriff genommen werden kann. Der Zeitplan darf nicht so eng sein, dass solche Abstimmungsprozesse den gesamten Ablauf gefährden.

Sachbericht Rebriefing

ProKnow: Problemlösungen für Dokumentenmanagement

ProKnow:
- Dr. Berthold Schneider (Geschäftsführer)
- Ines Paschel (Marketing)

Agentur:
- Karla Seyfried (Projektleitung)
- Ernst Ludwig Bergemann (Strategischer Planer)

Gespräch vom 15.08.2007

Sachstand

Zur Aufgabenstellung

Im gemeinsamen Gespräch wurde die Aufgabenstellung des schriftlichen Briefings wie folgt präzisiert:

- Es geht im Konzept nicht um Akzeptanzwerbung für das Dokumentenmanagement allgemein. Zwar gibt es auch hier noch viel Erklärungsbedarf, aber diese Aufgabe ist nicht zu leisten. Im Fokus steht eindeutig die Steigerung der Akzeptanz für die spezifische Lösung von ProKnow bei potenziellen Kunden. Die Steigerung muss unbedingt kurzfristig erfolgen. ProKnow braucht schnelle Erfolge.
- Neben den Entscheidern und IT-Verantwortlichen in den Unternehmen sind als Rahmenzielgruppe auch die späteren Anwender des Dokumentenmanagements in den entsprechenden Abteilungen einzubeziehen.

Erste konzeptionelle Ansätze

Des Weiteren wurden erste konzeptionelle Ideen der Agentur diskutiert und überwiegend positiv beurteilt:

- Der Vorschlag der Agentur, auf eine breit streuende Kommunikation fast vollständig zu verzichten und den Schwerpunkt auf 1:1-Kommunikation zu legen, entspricht voll und ganz den Zielen von ProKnow. Es wurde aber darauf hingewiesen, dass für eine solche Strategie Umstrukturierungen im Vertriebsbereich notwendig sind, die in diesem Jahr nicht mehr durchgeführt werden können.
- Im Vordergrund der Zielgruppenansprache soll nach Meinung der strategischen Planung in Zukunft nicht mehr die Hardware, sondern die persönliche Beratung von ProKnow stehen. ProKnow hält eine Neugewichtung der Verkaufsargumente in Richtung Beratung für möglich, weist aber darauf hin, dass dadurch auf keinen Fall der Absatz von Hardware gefährdet werden darf.
- Als Zusatzargument will die Agentur die langjährige Erfahrung von ProKnow ins Gespräch. Hier sahen alle Gesprächsteilnehmer eine mögliche Alleinstellung, denn der Hauptmitbewerber DMEX ist erst vor knapp zwei Jahren gegründet worden.

Sachbericht Rebriefing (Fortsetzung)

Zum Faktenspiegel

Die Agentur wurde über neue aufgabenrelevante Fakten informiert, die zum Zeitpunkt des schriftlichen Briefings noch nicht bekannt waren:

- Die Branchenmesse wird im nächsten Jahr zum ersten Mal einen Kongressteil beinhalten. Das Programm steht noch nicht fest. Die Agentur wird umgehend prüfen, ob es Chancen gibt, dort aufzutreten.
- Es gibt Gerüchte, dass der Markteintritt eines niederländischen Unternehmens kurz bevorsteht. Das Unternehmen hat sich auf „In-the-box"-Lösungen spezialisiert. ProKnow wird weitere Informationen sammeln und sie der Agentur zur Verfügung stellen.
- Die im ersten Briefinggespräch angekündigte neue Produktbroschüre wurde zurückgestellt. Sie wird erst Anfang Januar 2008 erscheinen.

Zur Vorgehensweise

ProKnow teilte mit, dass aufgrund der Ausrichtung der Aufgabe in Richtung 1:1-Kommunikation auch die gesamte Vertriebsleitung in die Präsentation einbezogen wird. Die Zahl der benötigen Konzept-Booklets erhöht sich damit von fünf auf acht Exemplare.

Kreativität: Bestehen Sie auf gute Ideen!

Der Briefingnehmer nutzt die Chance des Rebriefings, um letzte Unklarheiten zu beseitigen. Anschließend sollte er fit genug sein, um die Koordinaten seiner Strategie in eine endgültige Form zu bringen.

Aber die Strategie ist und bleibt grau. Um Farbe in das Projekt zu bringen, braucht es kräftige kreative Impulse. Gute Ideen sind Seele und Herzschlag jedes Konzepts, ohne Ideen bleibt das Konzept klinisch tot. Bestehen Sie deshalb schon im Briefing auf außergewöhnlich gute Ideen! Das mag ein prägnantes Logo sein, ein griffiger Slogan oder eine tolle Leitidee für eine Anzeigenkampagne.

Dabei kommt es auf die richtige Reihenfolge an: Die Kreation schließt sich immer an die Strategie an. Erst werden die strategischen Eckpunkte bestimmt, und dann die guten Ideen daraus abgeleitet. Diese Abfolge ist ein Muss! Das sei an dieser Stelle so ausdrücklich betont, weil erschreckend viele Auftragnehmer sich nicht daran halten. Sie entwickeln zuallererst die gute Idee und basteln anschließend die dazu passende Strategie als Verpackung für ihre Idee. Sie kommen damit durch, weil Auftraggeber auch nur Menschen sind – und Menschen stark auf sinnlich fassbare Reize reagieren. Da wird die strategische Notwendigkeit schnell aus den Augen verloren, wenn eine blendende Idee ins Auge sticht. *„Du musst deinem Auftraggeber tolle bunte Bildchen liefern, damit steigen deine Chancen enorm"*, so lautet der Erfahrungswert viele Kreativer. Durch diese Umkehrung ist die Idee jedoch nicht mehr Zündkerze für die Strategie, sondern wird zum Selbstzweck. Die Idee glänzt zwar, entwickelt aber kaum konzeptionelle Kraft. Bestehen Sie deshalb nicht nur auf guten Ideen, sondern auch auf eine vernünftige Verknüpfung von Strategie und Kreation! Lassen Sie sich nicht von *„bunten Bildchen"* blenden!

An dieser Stelle stöhnen jetzt die Kreativen mit Recht auf und beklagen das enge strategische Korsett, dass sie als Zwangsjacke empfinden und das ihnen häufig zu wenig Spielraum für die Fantasie lässt. Die Ängste der Kreativen sind berechtigt. Keinesfalls dürfen die Vorgaben aus Briefing und Strategie die Grenzen so eng gezogen sein, dass sie zum Gefängnis für die Kreation werden. Es muss viel Spielraum bleiben, in dem sich die Inspiration entfalten kann.

Ihr Briefing sollte deshalb auf ausreichend kreative Bewegungsfreiheit achten. Falls Sie die Befürchtung haben, dass die Kreation die Freiräume nutzt, um Luftschlösser zu bauen, sollten Sie statt rigider Briefingvorschriften lieber das Steuerungsinstrument des Schulterblicks nutzen. Was man unter einem Schulterblick zu versteht, wird gleich erklärt. Vorher noch ein kurzer Absatz zur Maßnahmenplanung.

Umsetzung: Mittel und Maßnahmen im Sinne des Briefings

Im dritten Arbeitsschritt des Konzepts entwickelt Ihr Auftragnehmer auf Basis von Analyse, Strategie und kreativen Ideen die passende Umsetzung. Jetzt wird es konkret. Was soll wann und in welchem Umfang passieren? Es entsteht ein System von Mitteln und Maßnahmen, die Ihr Auftragnehmer aus drei Komponenten aufbaut:

▪ **Bereits vorhandene Maßnahmen** – die sich in Ihrem Unternehmen bewährt haben und unverändert weiter zum Einsatz kommen.

▪ **Verbesserte Maßnahmen** – die ebenfalls bereits im Einsatz waren, die aber im Sinne der Strategie optimiert werden.

▪ **Neue Mittel und Maßnahmen** – die das bewährte Instrumentarium sinnvoll ergänzen und verstärken.

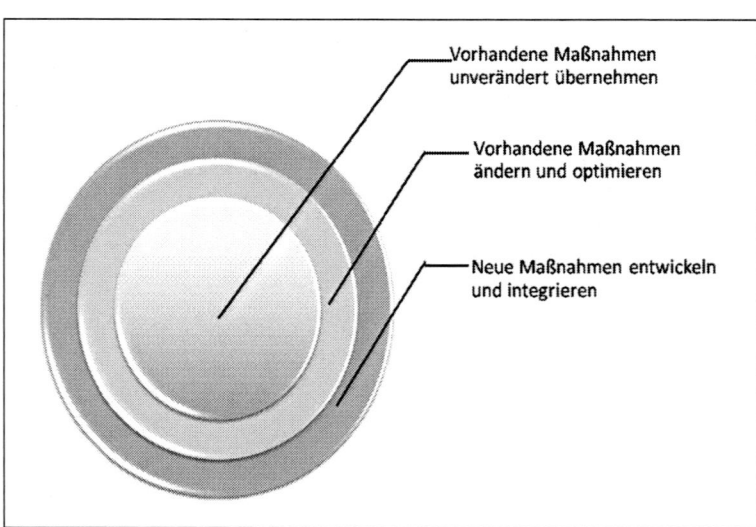

Vorhandene Maßnahmen unverändert übernehmen

Vorhandene Maßnahmen ändern und optimieren

Neue Maßnahmen entwickeln und integrieren

Abbildung 19:
Die Entwicklung
des Maßnahmensystems

Machen Sie schon im Briefing klare Vorgaben für die Entwicklung dieses Maßnahmensystems. Definieren Sie, welche Maßnahmen ein Muss sind und nicht geändert werden dürfen. Sie können auch konkrete Wünsche für einzelne Aktivitäten äußern – zum Beispiel einen bestimmten Veranstaltungsort für eine Pressekonferenz oder einen bevorzugten Moderator für eine Kundenveranstaltung. Umgedreht können Sie auch Maßnahmen klipp und klar ausschließen – zum Beispiel: *„Jegliche Form der TV- und Hörfunk-Werbung passt nicht zur Philosophie unseres Unternehmens."*

Damit Ihnen das fertige Konzept eine realistische Entscheidungsgrundlage bietet, sollten drei Faktoren dem Auftragnehmer auf jeden Fall als Pflichtaufgaben mit auf den Weg gegeben werden:

Faktor Kosten

Die Maßnahmen sind umfassend und transparent zu kalkulieren. Eventuell in unterschiedlichen Varianten zum Beispiel *„große Lösung"* und *„kleine Lösung"*. Der vorgegebene Kostenrahmen darf nicht überschritten werden.

Faktor Zeit

Alle Aktivitäten sind in einem übersichtlichen Zeitplan zu erfassen, der die Dramaturgie der Aktivitäten transparent macht.

Faktor Machbarkeit

Das sollte eigentlich selbstverständlich sein, ist es aber leider nicht. Fordern Sie im Briefing, dass alle Maßnahmen des Konzepts auf ihre Machbarkeit hin überprüft sind.

Umsetzung: Operatives Briefing als Arbeitsanweisung

In der Phase der operativen Umsetzung kann es notwendig werden, dass erste Umsetzungsbriefings geschrieben werden, um konkrete Maßnahmen vorzubereiten und entsprechende Partner zu beauftragen. Operative Briefings beziehen sich auf die Gestaltung und Produktion von Mitteln und Maßnahmen. Solche Briefings lassen keinen Zweifel. Sie listen knapp und komplett alle maßgeblichen Daten und Fakten auf und stellen eine präzise Aufgabe. Umsetzungsbriefings haben schon fast den Charakter einer Arbeitsanweisung. Der Auftragnehmer erfährt punktgenau, was Sache ist. Oft wird das operative Briefing nicht sorgfältig ausformuliert, sondern nur stichwortartig als Aufzählung zusammengestellt.

Was gehört in das operative Briefingpapier? Es werden die maßgeblichen Bedingungen für die Ausführung definiert:

Konkrete Aufgabenstellung – zum Beispiel eine Anzeigenserie gestalten, eine Kundenveranstaltung vorbereiten oder ein Großflächenplakat produzieren.
Inhaltliche Vorgaben – zum Beispiel relevante Themenkreise, Kernaussagen und Sprachregelungen.
Gestalterische Vorgaben – zum Beispiel Corporate Design, Logo, Slogan, Tonalität.
Technische Vorgaben – zum Beispiel Auflagenhöhe, Seitenumfang, Auflage, Druckverfahren.
Zeitliche und finanzielle Vorgaben – zum Beispiel Gestaltungstermine, Korrekturschritte, Produktionsbeginn, Fertigstellung, Etatvorgaben.

Operatives Briefing

Imagebroschüre Walter Gesundheitsdienste

Aufgabe

Grafische und inhaltliche Gestaltung der neuen Imagebroschüre:

- **Format:** DIN A 4, vierfarbig.
- **Umfang:** Maximal 48 Seiten.
- **Geplante Auflage:** 30.000 Stück.
- **Verarbeitung:** Unbedingt mit Rückstichheftung.
- **Budget:** Bitte erstellen Sie ein Angebot für Text und Grafik.

Hinweise zum Inhalt

Folgende Themenbereiche müssen erfasst werden:

- **Unser Standort:** Seit über 37 Jahren vor Ort.
- **Unser Leistungsangebot:** Für den Menschen.
- **Unsere Erfolge:** Von allen Kassen anerkannt.
- **Unsere Mitarbeiter:** Nur Pfleger von Fach.
- **Anmerkung:** Aufbau und Inhalt entsprechen den Themen unserer Website.

Hinweise zur Kreation

Bitte entwickeln Sie zwei Layoutvorschläge, jeweils Titel und eine Doppelseite:

- **Design:** Unser Corporate Design ist bindend, Manual (04-07) liegt bei.
- **Fotos:** Geeignete Aufnahmen sind unserem Archiv zu entnehmen.
- **Bildunterschrift:** Es ist Prinzip unseres Hauses mit kurzen Bildtexten zu arbeiten.
- **Tonalität:** Eine Darstellung mit „Human Touch", die Hilfe steht im Vordergrund.
- **Text:** Die Texte sind journalistisch zu halten, lebendig, frisch und faktenreich.

Termine

Wir weisen darauf hin, dass wir großen Wert auf Termintreue legen:

- **Angebot:** bis 8. August 2007.
- **Präsentation Layouts und Textvorschläge:** bis 12. September 2007.
- **Layout und Text komplette Broschüre:** bis 16. Oktober 2007.
- **Korrekturen und Freigabe:** bis 3. November 2007.
- **Druck und Fertigstellung:** bis 6. Dezember 2007.

Kontakt und weitere Informationen

Ernst H. Meier – E-Mail: meier@walter.de; Telefon: 0 30-77 00 77.

Schulterblick: Sich ein Bild machen, aber keine Zensur üben

Falls in der operativen Konzeptionsphase viele Gestaltungsvorschläge und ganz neue Maßnahmen geplant sind, dann kann es sinnvoll sein, einen Schulterblick zu vereinbaren. Das bedeutet, der Auftragnehmer plant nicht das gesamte Maßnahmenspektrum im Alleingang, sondern lässt Sie in einem passenden Moment einen Blick auf den Gestaltungs- beziehungsweise Planungsstand werfen. Dadurch erhöht sich die Planungssicherheit des Auftragnehmers und Sie als Auftraggeber laufen nicht Gefahr, am Ende aufwendige grafische Entwürfe und fertig durchgeplante Maßnahmen auf den Tisch zu bekommen, die Ihnen nicht gefallen und noch einmal komplett umgeändert werden müssen.

Während das Rebriefing in der analytischen und strategischen Phase der konzeptionellen Arbeit angesiedelt ist, gehört der Schulterblick in den kreativen und operativen Teil der Planung. Es entstehen handfeste Arbeitsergebnisse und bevor sie bis ins Detail verfeinert werden, schaut der Auftraggeber den Machern über die Schulter und gibt wertvolle Hinweise für die Feinjustierung.

Man verabredet beispielsweise einen Schulterblick-Termin mit der Werbeagentur, die drei Kreativlinien für eine neue Plakatkampagne angeskribbelt hat. Man schaut sich die drei Linien an, äußert seine spontane Meinung, diskutiert mit den Kreativen, überprüft die Anbindung an die Strategie und gibt korrigierende Hinweise. Im äußersten Fall schießt man auch schon einmal eine kreative Linie komplett ab, weil sie völlig neben dem Briefing liegt und jede weitere Arbeit daran nur Zeitverschwendung wäre.

Sie werfen Ihren Schulterblick in erster Linie auf gestalterische Entwürfe: Zusammen mit dem Grafiker diskutieren Sie Layouts und Illustrationen.

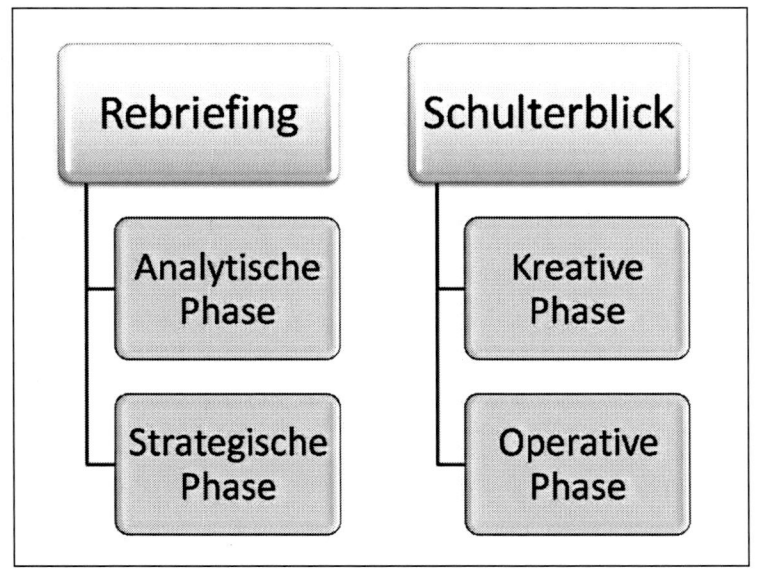

Abbildung 20:
Die „Zuständigkeiten"
von Rebriefing und
Schulterblick

Der Konzeptioner will mit Ihnen die Struktur einer Imagebroschüre durchsprechen. Der Texter hat eine Reihe von Headlines für die Frühlingsaktion aufgeschrieben, die er zur Diskussion stellt. Der Fotograf zeigt Ihnen eine Pinwand voller „Moods". Das sind Fotos ähnlicher Stimmungslage, die seine Fotoauffassung verdeutlichen.

Aber auch wenn es um den Maßnahmenteil des Konzepts geht, sollten Sie einen Schulterblick in Erwägung ziehen. Mal angenommen, eine Tagung wäre ein zentrales Element des Konzepts, dann macht es Sinn, zwischenzeitlich einen Blick auf wichtige Eckpunkte der Planung zu werfen. Welcher Saal ist eingeplant? Wer soll als Gastredner auftreten? Wie ist der Personalrat einzubinden?

Der Schulterblick ist in der Regel ein persönlicher Gesprächskontakt. Wenn möglich fährt der Auftraggeber zum Auftragnehmer, um direkt „in die Werkstatt" zu schauen und mit allen Beteiligten über den Stand der Dinge zu reden. Falls für den direkten Kontakt keine Zeit ist, können die entsprechenden Unterlagen mit Zwischenständen auch gemailt und per Telefon diskutiert werden. Bei kreativen Leistungen, die bekanntlich Geschmacksache sind, kann ein solcher fernmündlicher Schulterblick allerdings schnell zu Missverständnissen und Fehlinterpretationen führen.

Vor allem, wenn sich für die abschließende Konzeptpräsentation eine größere Runde von Führungskräften aus Ihrem Unternehmen angemeldet hat, macht es Sinn, dass Sie vorher noch einmal mit einem Schulterblick steuernd eingreifen, um die gebührende Qualität für die Konzeptpräsentation sicherzustellen.

Beim Schulterblick kommt es auf das richtige Maß an: Greifen Sie konstruktiv und behutsam in den Gestaltungsprozess des Auftragnehmers ein. Wenn Sie die entstandenen Arbeiten zu harsch kritisieren und zerpflücken, wirken sie demotivierend. Die Chance, dass die Kreativen anschließend doch noch den entscheidenden Durchbruch erzielen, sinkt drastisch. Sehen Sie den Schulterblick als eine stimulierende Motivationsveranstaltung für Ihren Auftraggeber.

Mit dem Schulterblick äußern Sie Ihren spontanen Eindruck und kein endgültiges Urteil. Sie üben keine Zensur und bestimmen, wie es weitergeht. Der Auftragnehmer darf nicht aus der Verantwortung entlassen werden. Manche Partner pflegen nämlich nach dem Schulterblick ihre Fahne in den Wind des Auftraggebers zu hängen und später jede Verantwortung zurückzuweisen: *„Sie hatten doch entschieden, dass ..."* – Ein Schulterblick ist ein Fingerzeig. Er impliziert keine endgültige Rückversicherung und keinen Ausschluss der Haftung.

Ein Schulterblick wird daher im Gegensatz zu anderen Instrumenten des Briefings auch nur selten schriftlich dokumentiert. Er hat spontanen und persönlichen Charakter.

Und noch eins: Bei den Gestaltungsvorschlägen dürfen Sie gerne Ihren heimlichen Favoriten haben. Behalten Sie die Wahl aber besser für sich, denn ansonsten beeinflussen Sie die weitere Arbeit des Auftragnehmers beträchtlich.

Resultate: Die fertige Konzeption präsentieren

Ein professionelles Briefing verbindet eine knappe schriftliche Aufgabenbeschreibung mit einem detaillierten Briefinggespräch. Für das fertige Konzept empfiehlt sich dasselbe Prinzip. Das Konzept sollte sowohl schriftlich dokumentiert als auch mündlich präsentiert werden. Im Vergleich zum Briefing kehrt sich allerdings die Gewichtung um. Das schriftliche Konzept stellt Analyse, Strategie und Maßnahmen in aller Ausführlichkeit vor. Die mündliche Präsentation konzentriert sich in aller Kürze auf die wesentlichen Eck- und Höhepunkte.

Für die Akzeptanz beim Auftraggeber ist zumeist die mündliche Präsentation entscheidend. Das ausführliche schriftliche Konzept wird nur überflogen, die kurze Inszenierung der Ergebnisse prägt. Aus diesem Grund sollten Sie die anstehende Konzeptpräsentation ausreichend vorbereiten.

Wie ist die Erwartungshaltung in Ihrem Haus? Wird das Konzept als ein wichtiger Meilenstein gesehen? Wollen viele die Konzeptpräsentation sehen und bewerten? Ist mit kritischen Stimmen zu rechnen? Beantworten Sie diese Fragen mit ja, dann setzen Sie am besten vor der eigentlichen Konzeptpräsentation eine Vorpräsentation des Auftragnehmers an. Die Generalprobe läuft im kleinen Kreis. Sie bekommen die Chance, noch einmal lenkend einzugreifen, bevor die Verantwortlichen in Ihrem Haus die Ergebnisse präsentiert bekommen. In diesem Sinne ist die Vorpräsentation als ein Briefinginstrument in letzter Minute zu sehen. So kurz vor der eigentlichen Präsentation sollten Sie aber nicht mehr viel umschmeißen und damit für Panik beim Auftragnehmer sorgen. Die Funktion der Vorpräsentation ist es vielmehr, letzte Schnitzer und Umständlichkeiten zu tilgen.

Kurze Zeit später schließt sich dann die eigentliche Präsentation als *„Stunde der Wahrheit"* an. Schon im mündlichen Briefing haben Sie Ihren Auftragnehmer darauf vorbereitet und ihm hilfreiche Hinweise gegeben:

Wann? Zu welchem Datum und zu welcher Uhrzeit findet die Präsentation statt?

Abbildung 21:
Die Funktionen von
Konzeptpapier und
Präsentation

▓ **Wo?** An welchem Ort und in welchem Raum wird präsentiert? Wie ist der Raum technisch ausgestattet?

▓ **Wie lange?** Wie viel Präsentationszeit hat Ihr Auftragnehmer? Wie ist das Zeitverhältnis des Präsentationsvortrags zur anschließenden Diskussion?

▓ **Wer?** Welche und wie viele Personen nehmen voraussichtlich teil? Wer sind die Entscheider?

▓ **Wie?** Welche technischen und inhaltlichen Besonderheiten sind gegebenenfalls zu beachten? Soll zum Beispiel auf Powerpoint als Präsentationsplattform verzichtet werden? Oder kommen Anglizismen in Ihrem Haus schlecht an?

▓ **Was?** Welche Konzeptbestandteile sind in welcher Gewichtung zu präsentieren? Auf was soll der Schwerpunkt gelegt werden?

Zum Präsentationstermin ist sicherzustellen, dass alle Präsentationsteilnehmer aus Ihrem Haus zumindest das schriftliche Briefing und eventuell auch noch den Gesprächsbericht vom mündlichen Briefing gelesen haben. Falls das nicht gewährleistet ist, sollten Sie zu Beginn der Präsentation in einer kurzen Ansprache zumindest die essenziellen Briefingkoordinaten mündlich vermitteln. Alle müssen den Stand der Dinge kennen und sozusagen „richtig eingenordet" sein.

Während der gesamten Präsentation empfiehlt es sich, alle wichtigen Briefingunterlagen präsent zu haben. Falls es zu Diskussionen über die Briefingvorgaben kommt, ist es wichtig, mit dokumentier-

baren Tatsachen antworten können. Versucht sich ein Auftragnehmer herauszureden: „Da wurden wir aber falsch gebrieft …", so sind Sie mit einem kurzen Zitat aus den Briefingunterlagen in der Lage, die Ausrede sofort zu entlarven.

Resultate: Das Konzept schwarz auf weiß

Jedes Konzept muss in Schriftform ausgearbeitet werden. Der Auftragnehmer beschreibt die analytischen Ergebnisse, die strategische Linie und die notwendigen Maßnahmen zur Umsetzung dieser Strategie. Das schriftliche Papier – oft als Booklet mit Ringspiralen gebunden – versteht sich als handfeste Gebrauchsanweisung für die anschließende Umsetzung. In Form und Inhalt ist das Konzept entsprechend schlüssig und verständlich formuliert. Der Leser bekommt ein klares Bild. Das Konzept wird durch Zeit- und Kostenpläne ergänzt. Bisweilen werden in den Konzepten auch schon Empfehlungen für die Erfolgskontrolle abgegeben.

Viele Auftragnehmer geben das schriftliche Konzeptbooklet nicht gerne vor der Präsentation heraus. Sie fürchten nicht zu Unrecht mangelnde Aufmerksamkeit, weil die Beteiligten schon anfangen, im Konzept zu blättern. Sofern nicht unbedingt notwendig, sollten Sie auf einer Vorverteilung des Konzepts nicht bestehen.

Ein anderer Wunsch kann jedoch sehr nützlich sein und sollte bereits im Briefing formuliert werden. Neben dem ausführlichen Konzeptpapier, das alle Planungsdaten enthält, fordern Sie noch ein „Management Summary" an. Der Auftragnehmer bringt auf ein bis zwei Seiten sein Konzept auf den Punkt. Diese Kurzversionen sind vor allem für die

Information der Führungsetagen ausgesprochen hilfreich.

Manchmal ist die Leistung des beauftragten Partners – trotz professionellen Briefings – nicht ausreichend. Man kann es drehen und wenden wie man will, aber der Eindruck drängt sich auf, dass der Auftragnehmer mit seinem Konzept das Ziel verfehlt hat. In diesem Fall sollten die Präsentationsbeteiligten in Ihrem Unternehmen sich ein ehrliches Urteil bilden. Ist der Auftragnehmer mit dem Konzept einfach überfordert, dann gibt es nur eins: Sie sollten den Partner wechseln und einen neuen Anlauf starten.

Ist Ihr Partner mit seiner Planung lediglich unglücklich vom Kurs abgekommen oder liegt die Ursache eventuell sogar in einem mangelhaften Briefing Ihres Hauses, dann geben Sie dem Auftragnehmer eine zweite Chance. Wie in diesem zweiten Fall vorzugehen ist, lesen Sie im nächsten Kapitel.

Präsentationscheck	Status	Anmerkung
Die Präsentationsteilnehmer: ■ Zahl der Teilnehmer ■ Zusammensetzung der Teilnehmer ■ Briefingkenntnisse der Teilnehmer		
Der Präsentationsort: ■ Ortswahl ■ Art und Lage des Raumes ■ Größe des Raumes		
Die Präsentationstechnik: ■ Projektionstechnik ■ Steckdosen, Internetanschluss ■ Flipchart, Stifte, Pinwand ■ Verdunklung möglich?		
Die Präsentationszeit: ■ Für Aufbau ■ Für Begrüßung und Einführung ■ Für die eigentliche Konzeptpräsentation ■ Für die anschließende Diskussion		
Die Präsentationsmaterialien: ■ Bewertungsbögen des Auftraggebers ■ Briefingpapiere des Auftraggebers ■ Konzeptbooklet des Auftragnehmers ■ Kosten- und Zeitplan des Auftragnehmers		

Abbildung 22: Präsentationscheck

6. Schritt: Nachbriefing und Debriefing – Aus Fehlern lernen

Nachbriefing: Einen zweiten Versuch machen

Das Nachbriefing ist zum Glück nur bei wenigen Aufträgen notwendig. Es ist ein ungeliebtes Briefinginstrument, das stets für lange Gesichter auf beiden Seiten sorgt. Warum diese getrübte Stimmung? Weil ein Nachbriefing immer dann angesetzt wird, wenn das vom Auftragnehmer vorgelegte Konzept im Ganzen oder in wichtigen Teilen durchgefallen ist. Der Lehrer in der Schule würde sagen: *„Das Klassenziel wurde leider nicht erreicht.“* Für den Auftraggeber bedeutet das, eine enormen Zeitverlust und zusätzlichen Briefingaufwand. Für den Auftragnehmer sind die Folgen noch unerfreulicher. Die ganze konzeptionelle Arbeit war umsonst und er kann mehr oder weniger wieder von vorne anfangen.

Das Nachbriefing wird vom unzufriedenen Auftraggeber initiiert. Unter Nachbriefing versteht man einen zusätzlichen Briefingschritt, der wie eine Art „Nachhilfestunde“ nach Konzeptfertigstellung und -ablehnung zu sehen ist. Das fertige Konzept hat die gestellte Aufgabe nicht gelöst und Sie räumen dem Auftragnehmer einen zweiten Versuch ein. Im Nachbriefing geben Sie die notwendigen Verbesserungshinweise für den neuen Versuch.

„Das war´s nicht!“ Bei der Konzeptpräsentation sind sich sofort alle einig und schütteln den Kopf. Pauschal gesagt, wurde die Aufgabe nicht gelöst oder die Lösung hatte eklatante Schwächen. Präziser gesagt, erfordern vier kritische Punkte in der Regel ein Nachbriefing:

Strategische Navigationsfehler
Der Auftragnehmer ist deutlich vom Kurs abgekommen und hat eine Strategie präsentiert, die nicht in die Planung des Unternehmens und die Wirklichkeit des Marktes passt.

Kreative Schwächen
Die vorgestellten Ideen waren zwar „nett“, aber reißen niemanden vom Hocker. Und mit schwächelnden kreativen Lösungen darf man sich keinesfalls zufrieden geben!

Operatives Wirrwarr
Die vorgeschlagenen Maßnahmen passen nicht zu Aufgabenstellung und Strategie. Sie lassen sich auch nicht zu einem schlagkräftigen System zusammenfügen. Alles in allem wirkt der Maßnahmenteil kraft- und strukturlos.

Völlig überzogene Budgetierung
Der Auftraggeber hatte zwar eine Größenordnung für die Kosten im Briefing genannt, sein Auftragnehmer hat sich daran aber nicht orientiert und ein Konzept entwickelt, das den finanziellen Rahmen bei weitem überspannt. Zwar wird der Auftragnehmer kurzerhand vorschlagen, einfach alle Aktivitäten zu kürzen. Zum Beispiel statt zehn Anzeigenschaltungen nur noch fünf Schaltungen einzuplanen. Darauf sollte man sich aber nicht einlassen.

Die Praxis zeigt, dass ein Konzept mit großem Etat eine ganz andere taktische Herangehensweise und Maßnahmenplanung braucht, als ein Konzept mit kleinem Etat. Wer einfach nur zusammenstreicht, gefährdet die Statik des konzeptionellen Gebäudes.

Mit Abstand am häufigsten sind übrigens die kreativen Mängel anzutreffen. Hier darf man keine falschen Kompromisse machen. Zünden die Ideen nicht und lassen sie Sie als Auftraggeber kalt, dann sollten Sie unbedingt auf ein kreatives Nachbriefing bestehen. Lauwarme Kreationen führen selten zum Erfolg. Da es speziell in der Kreation schwer ist, den Knoten zum Platzen zu bringen, kann bei kreativen Problemen im Falle des Falles sogar noch ein dritter Durchgang angeraten sein.

Das Nachbriefing muss unbedingt schriftlich erfolgen. Es ist schwarz auf weiß festzuhalten, wo die Fehler lagen und welche Konsequenzen daraus zu ziehen sind. Es darf keine Zweifel mehr geben. Gleichzeitig verlangt die Fairness, dass man dem Auftragnehmer zusätzlich die Chance einräumt, die wesentlichen Knackpunkte des Nachbriefings mündlich erläutert zu bekommen und ergänzende Verständnisfragen zu stellen. Ein professionelles

Nachbriefing besteht daher aus einem kurzen schriftlichen Papier und einem klärenden Gespräch. Nachbriefingpapier und Gesprächsrunde müssen vier Briefingaspekte beleuchten:

Konzeptmängel klar benennen

Der Auftragnehmer legt die Finger auf die Schwachstellen und erklärt, warum er diese Punkte bemängelt. Diese Erklärungen müssen möglichst konkret und greifbar erfolgen. Sie dürfen sich nicht in allgemeinen Andeutungen ergehen.

Aufgabe noch einmal präzisieren

Auf Basis der Resultate des ersten Konzeptdurchgangs sind noch einmal die gestellte Aufgabe und deren maßgebliche Koordinaten zu wiederholen und noch anschaulicher zu erhellen. Es ist im zweiten Durchgang alles zu tun, um erneute Missverständnisse auszuschließen.

Informationsstand weiter festigen

Der Auftragnehmer hat wichtige Fakten des Briefings übersehen oder man hat sie ihm gar nicht mit auf dem Weg gegeben? Dann sollten die erkenn-

Checkliste kreative Ideen	+2	+1	0	-1	-2
Kreation ist einfach und verständlich?					
Kreation ist eigenständig und griffig?					
Kreation ist wertig und imagestärkend?					
Kreation passt zum Produkt?					
Kreation passt zur Zielgruppe?					
Kreation ist universell adaptierbar?					
Kreation ist im Alltag praktikabel?					

Abbildung 23: Die Checkliste für die Bewertung der Kreation

baren Informationslücken an dieser Stelle gezielt nachgebrieft werden. Lieber einen wichtigen Fakt einmal zu viel ins Gespräch bringen als zu wenig.

Weitere Vorgehensweise bestimmen

Inzwischen ist das Projekt wahrscheinlich in Zeitdruck geraten und deshalb muss die weitere Arbeit schnell gehen. Vielleicht muss ja auch nicht das komplette Konzept neu gebaut werden? Möglicherweise reicht es aus, einzelne Kapitel neu anzugehen? Auf jeden Fall ist im Nachbriefing festzulegen, wer was bis wann zu tun hat.

Das Nachbriefing stellt eine sensible Gesprächssituation dar. Vielleicht kennen Sie das: Es liegt so ein hemmendes „Klima der Schuldzuweisung" im Raum.

Der Auftragnehmer hat einen konzeptionellen Fehler gemacht und es fällt ihm schwer, das offen zuzugeben. Er übt sich in Rückzugsgefechten. Genau in dieser Situation bekommt der Auftraggeber dann nicht selten zu hören: „Das Briefing war mangelhaft. Wir konnten ja gar keine vernünftige Arbeit abliefern." Es ist am Auftraggeber, in dieser Situation das nötige taktische Geschick zu beweisen. So darf das Gespräch keinesfalls zur „Bestrafungsaktion" für den Auftragnehmer werden.

Es ist anzuraten, das Nachbriefing nicht unter negative Vorzeichen zu stellen und mit erhobenem Zeigefinger jeden Fehler genüsslich herauszustreichen. Mit einem solchen Habitus zerstört man die Motivation des Auftragnehmers und provoziert Widerspruch und Ärger.

Besser die Atmosphäre des Gesprächs ist hoffnungsvoll und motiviert den Auftragnehmer, das Problem noch einmal mit ganzer Kraft anzugehen. Man arbeitet darum auch klar heraus, was am Konzept gut war und gefallen hat. Die gemachten Fehler bewertet man als Chance und motiviert den Auftragnehmer, die Herausforderung anzunehmen.

Bisweilen kommt die Diskussion auf, wer nun die zusätzlich anfallenden Honorarkosten für die Nachleistungen zu tragen hat. Diese Diskussion kann unangenehm werden. Je klarer und professioneller Sie gebrieft, je sorgfältiger Sie alle relevanten Briefingschritte dokumentiert haben, desto eindeutiger ist an dieser kritischen Stelle die Sachlage zu klären und der Ärger in Grenzen zu halten.

Hin und wieder passiert es auch, dass sich während der Arbeit am Konzept ganz unerwartet die Markt- und Konkurrenzsituation dreht und so die Vorschläge des Konzepts von der Zeit überholt werden. Weder Auftragnehmer noch Auftraggeber trifft dann irgendwelche Schuld. Man hat einfach nur Pech gehabt. Die Gründen liegen extern im Umfeld. Dessen ungeachtet muss das Konzept auf Basis eines Nachbriefings komplett überarbeitet werden – denn ein gutes Konzept ist immer auf der Höhe der Zeit.

■ **Nachbriefing**

Roadshow eines Energieversorgers: Die Energiespartour

Das von Ihnen vorgelegte Kommunikationskonzept stellt eine gute Diskussionsgrundlage mit interessanten Ideen dar, eignet sich aber nach Einschätzung unseres Beirats nicht als Grundlage für die Realisierung der Roadshow. Wir bitten Sie deshalb, Ihr Konzept gründlich zu überarbeiten. Dabei geben wir Ihnen folgende Orientierungshinweise mit auf den Weg:

Stärken Ihres Konzepts

- Wir teilen Ihre Zielgruppendefinition und auch die Botschaften, die Sie für die genannten Zielgruppen ausgearbeitet haben.
- Unsere volle Zustimmung findet auch Ihr Vorschlag, ausgewählte Unternehmen als Partner in die Roadshow einzubeziehen.
- Die von Ihnen vorgeschlagene mobile Bühnenlösung und die Tourroute können wir Ihnen ebenfalls bestätigen. Hier haben Sie bereits wertvolle Planungsarbeit für die Show geleistet.

Schwächen Ihres Konzepts

- Die Kritik in unserem Hause hat sich vorrangig an den Inhalten der Roadshow entzündet. Hier sind Sie noch relativ weit von unseren Vorstellungen entfernt.
- Sie haben einen englischsprachigen Slogan vorgeschlagen, was nicht unserer Philosophie entspricht: Versuchen Sie eine deutsche Alternative zu finden.
- Bei den Themen konzentrieren Sie sich zu sehr auf die Energieeinsparung bei Hausbau und Renovierung. Wir sehen aber mehr die Einsparung im Haushalt – zum Beispiel Energiesparlampen, Standy-by-Ausschalter – im Vordergrund.
- Ihr Programm baut zu sehr auf Prominente auf. Wir wollen das Thema keinesfalls über bekannte Stars besetzen.
- Außerdem fehlt uns das Prinzip der Interaktion. Es ist uns wichtig, das Publikum in den einzelnen Städten aktiv ins Geschehen einzubeziehen.
- Zuletzt vermissen wir den Punkt Pressearbeit. Wir sind überzeugt, dass sich unser Thema für eine breite Presseberichterstattung gut eignet.

Die konkretisierte Aufgabe

Entwickeln Sie eine Roadshow rund um das Thema Energiesparen, die sich an breite Bevölkerungsschichten wendet, populäre Haushaltsthemen in den Vordergrund stellt und das Publikum aktiv in die Shows einbezieht. Stellen Sie durch geeignete Maßnahmen sicher, dass die Roadshow einen starken Widerhall in der Deutschen Presse findet.

Ergänzende Information

Wir haben zwischenzeitlich das Umweltministerium als Partner gewinnen können. Überlegen Sie bitte, wie eine sinnvolle Integration aussehen könnte.

Nachbriefing (Fortsetzung)

Weitere Vorgehensweise

Um das Projekt nicht zu gefährden, ist ein schneller Start der konkreten Umsetzungsplanung notwendig. Wir müssen Ihnen deshalb einen relativ engen Terminrahmen setzen:

- Schulterblick durch unseren Herrn Reiter Ende April 2007
- Präsentation des neuen Konzepts bis zum 3. Mai 2007
- Letzte Korrekturen und Verabschiedung bis zum 14. Mai 2007

Debriefing: Die konstruktive Manöverkritik

Einige Wochen oder Monate später. Das Briefing ist Schnee von gestern. Das daraus resultierende Konzept wurde in Angriff genommen. Alle Maßnahmen des Konzepts sind (hoffentlich erfolgreich) realisiert worden. Die Rechnungen sind gestellt und bezahlt. Der gesamte Projektvorgang ist abgeschlossen und kann eigentlich im Archiv abgelegt werden. Halt, ein Arbeitsschritt fehlt noch! Der Weg begann mit einem Briefingschritt und damit hört er auch wieder auf. Der allerletzte Schritt des Auftrags ist das sogenannte Debriefing. Beim Militär würde man auch „Manöverkritik" dazu sagen.

Auftraggeber und Auftragnehmer setzen sich ein letztes Mal zusammen und lassen in einem gemeinsamen Gespräch ausgehend vom ursprünglichen Briefing das gesamte Projekt Revue passieren. Es werden alle Erfolge, aber auch alle Fehler und Reibungsverluste herausgearbeitet. Vor allem die Fehler spielen eine wichtige Rolle im Debriefing, denn aus denen kann man lernen. Was ist schief gegangen und warum? Wie hätte man es besser machen können?

Der Gesprächsstoff des Debriefings basiert auf zwei Quellen, die von Auftraggeber und Auftragnehmer gesichtet und im Gespräch bewertet werden:

Den objektiven Ergebnissen der Erfolgskontrolle

Alle Aktivitäten wurden beobachtet und in ihrer Wirkung gemessen. Die Auswertungen liegen schriftlich vor und werden im Debriefing gemeinsam analysiert.

Den subjektiven Einschätzungen der Beteiligten

Das Bauchgefühl der Projektbeteiligten ist nicht in Zahlen zu fassen, aber genauso wichtig und hilfreich. Dabei kann es durchaus vorkommen, dass subjektive Erfahrungswerte und objektive Daten erheblich voneinander abweichen.

Debriefing: Offen und ehrlich hilft am meisten

Als Auftraggeber können Sie aus dem Debriefing die „Stunde der Abrechnung" machen. Aber, bitteschön nur, wenn Sie mit dem Auftraggeber anschließend nicht mehr weiter arbeiten wollen. Ansonsten sollte das Debriefing in einer konstruktiven Atmosphäre stattfinden. Vielleicht sollte man es so auf den Punkt bringen: Das Debriefing ist ein gemeinsamer Prozess der Bewusstwerdung. Es ist eine wertvolle Weiterbildungsveranstaltung für alle Beteiligten.

Aber das mit der konstruktiven Atmosphäre darf auch nicht übertrieben werden. Hin und wieder mutieren Debriefings zu „Jubelarien". Alle wollen den Erfolg, keiner will der anderen Seite einen Fehler eingestehen und folglich beschränkt sich das Debriefing darauf, zu loben und sich gegenseitig auf die Schulter zu klopfen. Alles war bestens – weiter so! Sorry, aber eine solche Veranstaltung verdient den Titel „Debriefing" nicht. Das perfekte Projekt gibt es nicht und wer Fehler dezent ausklammert, der darf sich nicht wundern, wenn sich die Fehler beim nächsten Mal wiederholen.

Wie bauen Sie ein nützliches Debriefing am Besten auf? Der gesamte Kern des Projektteams von Auftraggeber und Auftragnehmer setzt sich zusammen. Gemeinsam nehmen Sie sich zwei bis drei Stunden Zeit, um das gelaufene Projekt aus allen Richtungen zu durchleuchten:

Aussagekräftige Präsentation der Erfolgskontrolle

Die maßgeblichen Messergebnisse der Evaluierung werden vorgestellt. Oft vergleicht man die Lage zu Beginn des Projekts mit dem gegenwärtig erreichten Status. Markante Erfolge und Ausfälle werden fokussiert und interpretiert.

Kurze Abschlussberichte der Projektverantwortlichen

Für verschiedene Projektbereiche gab es Verantwortliche im Team. Diese ziehen in kurzen mündlichen Berichten eine Bilanz ihrer Arbeit. Das gesamte Projektspektrum kommt ins Blickfeld. Es ist ausdrücklich erlaubt, persönliche subjektive Erfahrungswerte in den Bericht einfließen zu lassen.

Gemeinsamer Dialog

Alle Beteiligten reflektieren offen und ehrlich die vorgetragenen Ergebnisse und konstatieren die markanten Stärken und Schwächen des Projekts.

O-Ton Debriefing

Eine Eventagentur hatte ein Händlertreffen für ein mittelständisches Unternehmen organisiert. Über 180 Händler waren gekommen. Der Unternehmer schilderte im abschließenden Debriefing seinen persönlichen Eindruck:

„Sie können mir glauben, ich habe die Ergebnisse Ihrer Erfolgskontrolle sorgfältig gelesen. Die Resonanz hat mich beeindruckt. Laut Befragung waren fast alle Händler sehr angetan von unserem Treffen. In dieser Beziehung hat die Veranstaltung Erfolg gehabt, das muss man anerkennen.

Aber … wie soll ich das sagen: Ich persönlich war ausgesprochen unglücklich mit den Inhalten des Treffens. Ich saß da in der ersten Reihe, hörte die Vorträge, sah die Präsentationen – und erkannte mein Unternehmen nicht wieder. Da wurde ein Bild von unseren Leistungen vermittelt, das schien mir befremdlich. Viele Aspekte, die mir wichtig waren, die kamen überhaupt nicht vor. Also, ich wäre am liebsten aufgesprungen und hätte laut: Halt, aufhören! in den Saal gerufen. Aber das kann man ja nicht machen! Deshalb habe ich stillgehalten und gute Miene gemacht. Ich finde, das sollten Sie wissen."

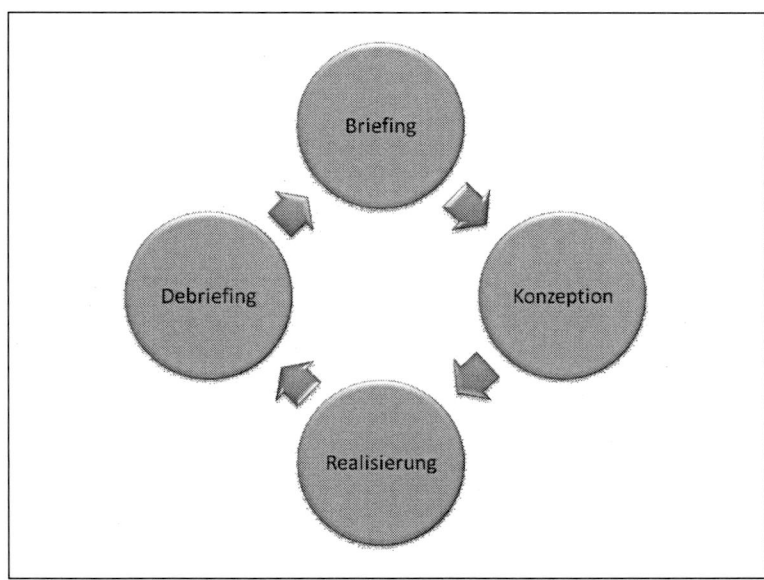

Abbildung 24:
Die Checkliste für die Bewertung
der Kreation

Konsequenzen fixieren

Im letzten Schritt des Debriefings ziehen die Beteiligten ein Strich unter die Diskussion und skizzieren als Summe die notwendigen Konsequenzen. Punkt für Punkt werden die Schlussfolgerungen auf einer Flipchart notiert und in einem anschließenden Gesprächsbericht schriftlich festgehalten.

Die Beteiligten belohnen

Sofern im Projekt nicht alles schief gelaufen ist, sollte das Debriefing auch Anlass für ein angemessenes Dankeschön sein. Sei es, dass man gemeinsam zum Abschluss des Gesprächs mit einer Flasche Champagner anstößt oder dass man alle Beteiligten im Anschluss an das Debriefing in das nette italienische Restaurant an der Ecke einlädt.

Es darf an dieser Stelle nicht verschwiegen werden, dass professionelle Debriefings in der Praxis von Marketing und Kommunikation leider eher die Ausnahme sind. Manche vergessen das Debriefing schlichtweg. Andere stecken schon im nächsten Projekt und haben absolut keine Zeit dafür. Wieder andere finden, Debriefings wären nur Zeitverschwendung. Die Begründungen sind unterschiedlich, aber in der Regel nicht stichhaltig. Jedem muss klar sein: Wer Projekte ohne Debriefing abschließt, der vergibt eine große Chance und lernt nicht dazu. Stellen Sie sich eine Schule vor, in der zwar Klassenarbeiten geschrieben, aber nicht korrigiert und verbessert werden.

Zu guter Letzt: Vom Debriefing zum neuen Briefing

Falls Ihr Konzept beziehungsweise Projekt periodisch fortgesetzt werden soll, macht es Sinn, das Debriefing gleich mit einem überleitenden Einstieg zum nächsten Konzept zu verbinden. Aus den bilanzierenden Ergebnissen des alten Debriefings entwickeln sich in direktem Folgeschluss die Pflichtaufgaben für das neue Briefing.

Um die Erfahrungen der Vorperiode stringent umzusetzen, wird zur Auswertung gern mit dem Instrument des Soll-/Ist-Vergleichs gearbeitet. Der Vergleich besteht aus einer zweispaltigen Tabelle. Im rechten Spaltenkopf steht „Soll" und im linken Spaltenkopf „Ist". In die Tabellenzeilen darunter werden auf der Soll-Seite die planerischen Ziele und Vorgaben des alten Konzepts aufgelistet. Auf der Ist-Seite stellt man das tatsächlich Erreichte in Relation. Zwischen Soll-Anspruch und Ist-Realität ergeben sich kleine und große Lücken. Es wurden Aufgaben nicht gelöst, Botschaften nicht gelernt und Ziele verfehlt. Aufgabe des neuen Konzepts ist es, die gefundenen Lücken systematisch zu schließen. Diese Aufgabe formulieren Sie möglichst exakt in einem neuen Briefingpapier.

Damit die Analysen und Gedankengänge des Debriefings einfließen können, ist es aber nicht ratsam, dass Sie das schriftliche Briefing für die nächste Konzeptionsaufgabe schon zum Debriefing auf den Tisch legen. Es ist üblich, das neue Briefing erst nach der Manöverkritik in seine endgültige Form zu gießen und zu verteilen. Und damit beginnt der Kreis der Konzeption wieder von vorne. Ein neues Briefing setzt die Planung fort. Nach dem Briefing ist vor dem Briefing.

Schlusswort: Briefing in aller Kürze

Die zehn Faustregeln

Das Briefing für Ihr nächstes Briefing ist komplett. Sie haben alle wichtigen Schritte und viele kleine Tricks und Kniffe kennengelernt. Damit müssten Sie eigentlich fit für Ihren nächsten Briefingeinsatz sein.

Und falls es im Ernstfall wirklich einmal blitzschnell gehen muss, folgen hier die zehn wichtigsten Faustregeln für ein professionelles Briefing – das ist quasi Ihr superkurzes „Survival Pack" für alle Fälle:

Zuerst muss der richtige Partner her

Das beste Briefing läuft ins Leere, wenn Ihr Partner nichts taugt. Ganz gleich, ob er aus dem Unternehmen oder von einem externen Dienstleister kommt, Sie sollten Wert auf Kompetenz und Vertrauen legen.

Rückhalt nach Innen

Alle im Unternehmen müssen hinter dem Briefing stehen und mit einer Stimme sprechen. Sichern Sie Ihrem Briefing den nötigen Rückhalt im Hause, bevor Sie Ihren Briefingpartner auf die Spur bringen.

Immer schriftlich und mündlich briefen

Nur in Kombination von kurzem Papier und vertiefendem Gespräch erreicht der Briefingprozess seinen vollen Wirkungsgrad. Machen Sie deshalb nie halbe Sachen!

Kurz und kompetent

Die Kunst des Briefings ist es, das Unwichtige wegzulassen und das Wesentliche herauszustreichen. Je präziser der Input desto besser der Output. Fassen Sie sich kurz!

Lassen Sie Freiräume

Wenn es um strategische Konzepte geht, darf das Briefing keine Zwangsjacke werden. Haben Sie den Mut Ihrem Briefingpartner die nötigen Freiräume zu lassen, damit er seine konzeptionelle Initiative voll entfalten kann.

Überstürzen Sie nichts

Ein gutes Briefing sollte frühzeitig starten und unterwegs nicht hetzen. Alles passiert gründlich und überlegt. Das gilt auch für die direkt anschließende Konzeptarbeit. Schnellschüsse gehen zumeist auf Kosten der Qualität.

Rebriefing bringt Mehrwert

Rationalisieren Sie nicht Rebriefing und Schulterblick weg. Was im ersten Augenblick wie unnötige zusätzliche Arbeit aussieht, ist in Wirklichkeit eine wertvolle Chance, die konzeptionelle Qualität zu optimieren.

Investieren Sie in Weiterbildung

Zum Abschluss jedes Projekts sollte es ein Debriefing mit allen Beteiligten geben. Im gemeinsamen Nachgespräch kann man aus Fehlern lernen und von Mal zu Mal bessern werden.

Bleiben Sie hart, aber fair

Sie merken, dass Ihr Partner nicht mitzieht, dass die Resultate hinter den Erwartungen zurückbleiben? Dann sollten Sie eine zweite Chance geben. Und falls das wieder nichts bringt, machen Sie lieber einen harten Schnitt, als eine halbgare Lösung zu schlucken.

Und ein einfaches Erfolgsrezept

Das perfekte Briefing gibt es nicht. Dazu stecken viel zu viele planerische Unwägbarkeiten und menschliche Unzulänglichkeiten im Briefingprozess. Aber Sie können von Mal zu Mal besser werden. Das Rezept dafür ist denkbar einfach, wird aber überraschend selten in die Tat umgesetzt: Auftraggeber und Auftragnehmer sollten sich nach Fertigstellung des Konzepts eine konstruktive halbe Stunde zusammensetzen, über das vorangegangene Briefing reden und den gesamten Prozess unter die Lupe nehmen.

Welche essenziellen Fakten fehlten beim schriftlichen Briefing? Wo hat man im mündlichen Briefing aneinander vorbeigeredet? Wurden Rebriefing und Schulterblick optimal genutzt? Wenn Sie sich offen und ehrlich zu diesen Fragen austauschen, dann werden Sie dazulernen und ihre Briefingkompetenz spürbar erhöhen. Aus Fehlern zu lernen, das ist vermutlich das wichtigste Erfolgsrezept des professionellen Briefings.

Der Anhang

Checkliste zum Briefinginhalt

Die Checkliste führt alle Fakten auf, die für ein klassisches strategisches Briefing relevant sein könnten. Der gesamte Horizont rückt in den Blickpunkt, aber nur ein Teil ist für die jeweilige Aufgabenstellung relevant. Die Liste dient als Orientierungshilfe für die Auswahl der relevanten Fakten. Der Auftraggeber bestimmt damit den Themenkreis für sein schriftliches Briefing. Der Auftragnehmer kann sich mit Hilfe dieser Liste seine Frageliste für das mündliche Briefinggespräch zusammenstellen.

1. Problem- und Aufgabenstellung

1.1 Probleme
- Der Aufgabe zugrunde liegende Probleme
- Ursachen und Einflussfaktoren der Probleme
- Zukünftige Entwicklung der Problemstellung

1.2 Aufgabe
- Definition der gestellten Aufgabe
- Hintergründe und Rahmenbedingungen der Aufgabe
- Umfang und Spielraum der Aufgabe

2. Interne Briefingfakten

2.1 Unternehmen und Team
- Unternehmensgröße, Umsatzzahlen
- Standorte, Mitarbeiter
- Leistungs- und Angebotsspektrum
- Unternehmensleitbild (Missionen und Visionen)
- Unternehmenshistorie
- Führungsebene und Führungsstil
- Aufsichtsrat und andere Kontrollgremien

2.2 Ziele und Strategien
- Unternehmensziele/Unternehmensprofil
- Relevante Marketingziele/Marketingkonzeptionen
- Vorgegebene Kommunikations-Ziele

2.3 Konzeptions- und Planungsobjekt
- Grund- und Zusatznutzen des Objekts
- Stärken und Schwächen aus Sicht des Kunden
- Marktanteile, Geschichte des Objekts
- Positionierung und USP des Objekts
- Qualität, Design, Verpackung

2.3 Konzeptions- und Planungsobjekt (Fortsetzung)

- Preis, Konditionen und Service
- Distributionswege, Distributionspartner, Situation am POS
- Kommunikativer Auftritt des Objekts

2.4 Marketing- und Kommunikationsstatus

- Struktur und Leistungspotenzial der Marketing-/Kommunikationsabteilung
- Organisatorische Einbindung von Marketing und Kommunikation im Unternehmen
- Bisherige Zusammenarbeit mit externen Partnern
- Marketing- und Kommunikationskonzepte der Vorjahre
- Beispiele für die Kommunikationsmaßnahmen und -gestaltung
- Sammlung der eigenen Pressematerialien der letzten zwei bis drei Jahre
- Presseclippings von erschienenen Berichten der letzten Zeit
- Studien und Tests des Unternehmens zur Kommunikation
- Auftritt im Bereich der Online-Kommunikation und Web 2.0

3. Externe Briefing-Fakten

3.1 Markt und Branche

- Größe des Marktes, Struktur des Marktes, Marktanteile
- Entwicklung des Marktes und Prognosen für die Zukunft
- Einschätzung der Marktsituation und der eigenen Marktposition
- Besonderheiten des Marktes beziehungsweise der Branche

3.2 Rahmenbedingungen und Trends

- Regionale beziehungsweise lokale Standortsituation
- Beziehungen zu politischen und wirtschaftlichen Entscheidern
- Mitgliedschaft in Vereinen, Gremien und Interessenvertretungen
- Lage in der direkten Nachbarschaft
- Mögliche Gegenöffentlichkeiten und Kritiker
- Mögliche Restriktionen durch Gesetze, Branchenvereinbarungen etc.

3.3 Direkte und indirekte Wettbewerbe

- Zahl, Größe und Marktanteile der Konkurrenz
- Stärken und Schwächen der Konkurrenz
- Positionierung und Kernbotschaften der Konkurrenz
- Kommunikativer Auftritt der Konkurrenten
- Mögliche indirekte Konkurrenzverhältnisse

3.4 Kunden und Zielgruppen

- Typologie und Soziodemografie der Zielgruppe
- Verhalten, Meinungen und Einstellungen der Zielgruppe
- Persönliche Erfahrungen des Auftraggebers mit der Zielgruppe
- Für das Unternehmen relevante Medien

3.4 Kunden und Zielgruppen (Fortsetzung)

- Profil der Mittler und Partner: Absatzmittler, Lieferanten, Geschäftspartner
- Eingrenzung von Partnern für Kooperationen und Allianzen
- Profil der Interessen- und Bezugsgruppen aus Politik, Wirtschaft, Kultur
- Angaben zu den Mitarbeitern, von Stimmungslage bis zur Mitarbeiterfluktuation

4. Technische Fakten

4.1 Konzeption und Präsentation

- Umfang des Konzepts
- Umsetzung in Präsentation und/oder Booklet
- Anforderungen an die Kalkulation
- Honorar beziehungsweise Ausfallhonorar für das Konzept
- Präsentationstermin und Dauer der Präsentation
- Präsentationsteilnehmer, Angaben zu den Entscheidern
- Angaben zum Präsentationsort (Größe, Technik etc.)
- Anzahl der beteiligten Agenturen (bei Wettbewerben)
- Eventuell Namen der beteiligten Agenturen
- Möglichkeiten eines Rebriefings

4.2 Etatvorgaben

- Etatrahmen, Flexibilität des Etats
- Detailierungsgrad der Kalkulation
- Vorgaben zur Aufteilung des Budgets

4.3 Zeitvorgaben

- Notwendige Planungs- und Vorbereitungszeiten
- Beginn der Aktivitäten
- Feste Unternehmenstermine (zum Beispiel Jubiläum, Filialeröffnung)
- Feste Externe Termine (zum Beispiel Wahl, Fußball-WM)
- Endpunkt der Aktivitäten

4.4 Personalvorgaben

- Menge der Mitarbeiter, die für die Realisierung zur Verfügung stehen
- Qualifikation und Motivation der Mitarbeiter
- Möglichkeit, externe Kräfte zu integrieren
- Relevante Entscheider innerhalb der Projekts
- Verantwortliche Ansprechpartner, Kontaktdaten

Weiterführende Medien

Literatur

Ambrose, Gavin; Kelly, Chris
Branding. Vom Briefing bis zur Marke
Stiebner-Verlag 2002
Alle reden von der Macht der Marke. Doch wie entwickelt man eine Marke? Und wie muss das Briefing für einen Markenkonzept aussehen?

Back, Lous
Handbuch Briefing
Verlag Schäffer-Poeschel, 2. Auflage 2006
Ein Buch, das das Thema Briefing in aller Ausführlichkeit beleuchtet. Die richtige Lektüre für Profis, die tief in das Thema Briefing einsteigen wollen.

Brückner, Michael; Reinert, Ralf
So briefen Sie richtig
Redline-Verlag 2005
Ein sehr leicht und locker geschriebenes Büchlein, das die Sicht von Werbung und Kreativbriefing in den Vordergrund stellt.

Fissenewert, Renee; Schmidt, Stephanie
Konzeptionspraxis
FAZ-Institut 2006
Hier wird das Thema Briefing und Konzept aus dem Blickwinkel der Public Relations beleuchtet, am Beispiel einer Kampagne für den Gartenzwerg.

Hartleben, Ralf E.
Werbekonzeption und Briefing
Publicis-Verlag 2002
Das Buch zeigt, wie sich in der klassischen Werbung aus einem Briefing das Werbekonzept entwickelt.

Pepels, Werner
Kommunikationsmanagement
Schäffer-Poeschel, 2002
Das ist ein dicker Wälzer der alle Bereiche der modernen Kommunikation vorstellt. Darunter ein großes Kapitel zum Briefing.

Schmidbauer, Klaus; Knödler-Bunte, Eberhardt
Das Kommunikationskonzept
UMC Unipress 2004
Das Buch zeigt, wie auf Basis des Briefings Schritt für Schritt ein strategisches Konzept erarbeitet wird.

Links

Marketing

www.4managers.de
Site mit vielen Infos zu Management & Marketing. Sehenswert ist eine Download-Sammlung mit 444 Präsentationsfolien, die alle wichtigen Managementschlagworte von Affiliate Marketing bis Workflow Management in Schaubilder umsetzt

www.guerilla-marketing-portal.de
Für alle, die im Marketing gern Verbotenes und Überraschendes tun, gibt es auf dieser Site viele nützliche Tipps und Fallbeispiele

www.absatzwirtschaft.de
Gepflegte Site mit vielen aktuellen Infos und Hintergrundwissen

www.marketing-webguide.de
Link-Portal zu allen Websites, die für Marketing und Kommunikation wichtig sind

Partnersuche

www.werbeagentur-in.de
Suche nach der passenden regionalen Werbeagentur in allen 16 Bundesländern.

www.pitchpool.de
Suche nach Agenturen aller Art, von der Event- bis zur Online-Agentur.

www.textmarkt.de
Datenbank, die bei der Suche nach einem passenden Texter hilft.

Branchenvertretungen

www.dprg.de
Die Deutsche Public Relationsgesellschaft informiert über klassische und neue Wege der Public Relations

www.marketingverband.de
Die Informationsplattform der Deutschen Marketingverbandes und der Marketingclubs

www.gwa.de
Der Gesamtverband der Deutschen Werbeagenturen mit einem vielseitigen Einblick in die Branche

www.ddv.de
Die umfassende Informations- und Service-Website des Deutschen Direktmarketing Verbandes

www.bvdv.de
Der Bundesverband der Digitalen Wirtschaft vertritt Agenturen und Unternehmen aus den Bereichen Multimedia und Online

www.fme-net.de
Das Internetforum der großen deutschen Event- und Veranstaltungsagenturen

www.agd.de
Die Allianz der Deutschen Designer informiert über die Vielfalt der Designszene

www.bff.de
Der Bund Freischaffender Fotodesigner informiert über Entwicklungen in der Fotografie und stellt viele Fotografen mit ihren Arbeiten vor

www.fasbo.de
Der Fachverband für Sponsoring stellt die Branche und ihre Trends in den Blickpunkt

Public Relations

www.newsaktuell.de
Umfangreicher Informationsdienst für Journalisten und PR-Fachleute

www.pressrelations.de
Service für Journalisten und PR-Leute, unter anderem Abfrage einer Datenbank mit Unternehmens-Pressemitteilungen

www.openpr.de
Das offene Portal für Pressemitteilungen aus allen Bereichen

www.mediabiz.de
Umfassende Infos und viele Datenbanken rund um die Entertainment und Media-Branche

www.pr-guide.de
Gute gepflegte Informationen rund um die Public Relations mit PR-Literatur-Datenbank

www.prportal.de
Treffpunkt der PR-Branche mit umfangreichem Servicebereich

www.pr-journal.de
News, Fakten, Meinungen aus der PR; hieß bis vor kurzem „Neues PR-Portal".

www.krisennavigator.de
Seite, die viele Informationen rund um das Thema Krisen-PR bündelt.

www.upj-online.de
Die Spezialseite für alle, die sich in den Bereichen Corporate Citizenship und Corporate Social Responsibility umschauen wollen.

Werbung

www.wuv.de
Website der Fachzeitschrift Werben und Verkaufen mit einem Verzeichnis aller aktuellen Marktforschungsstudien

www.horizont.net
Das Magazin „Horizont" informiert online über Werbung, Kommunikation und Marketing.

www.kress.de
Fakten, Infos und Gerüchte rund um die Werbe- und Medienbranche

www.luerzersarchive.com
Eines der größten Online-Archive für den Werbebereich mit Anzeigen- und TV-Spot-Datenbank

www.slogans.de
Datenbank mit über 27.000 Slogans. Die Nutzung ist kostenlos. Lobenswert!

www.sinus-milieus.de
Informative Übersicht zu den Zielgruppendefinitionen der „Sinus-Milieus"

www.gwa.de
Bitte auf „Effie" klicken. Es lohnt sich. In der Datenbank des bekannten Werbewettbewerbs sind hunderte von preisgekrönten Konzepten und Gestaltungen aus den Jahren 1996 bis 2003 frei im Zugriff. Inspiration ohne Ende!

www.cidoc.net
Englischsprachige Website, die Corporate Identity- und Corporate Design-Manuals von zahlreichen Unternehmen aus aller Welt zur Ansicht und teilweise zum Download zur Verfügung stellt.

Recherche

www.tdwi.de
Typologie der Wünsche ist eine Online-Datenbank von Burda, mit der man Infos über Zielgruppen sammeln kann

www.medialine.de
Leser-, Markt- und Medienstudien von Focus zu einer Vielzahl von Themen

www.gujmedia.de
Eine Reihe von Markt- und Zielgruppen-Datenbanken. Viele können online abgefragt werden.

www.mediapilot.de
Marktanalysen, Leserstudien und Konkurrenzuntersuchungen des Axel Springer-Verlages

www.jalag.de
Website des Jahreszeiten-Verlags mit Rubrik Mafo, zum Beispiel eine Untersuchung über Themenanteile von 170 Medien

www.recherchetipps.de
Ein gute Startrampe für den Einstieg in die Internet-Recherche.

www.gwp.de
Die Studien und Untersuchungen der Verlagsgruppe Handelsblatt

www.internet-datenbanken.de
Die Datenbank der Datenbanken mit über 350 gebührenfreien Datenbanken

www.genios.de
Die beiden professionellen Datenbanken Genios und GBI jetzt unter einem Dach. Mit einer Vielzahl von qualifizierten Recherchemöglichkeiten. Kostenpflichtig.

Verkaufsförderung

www.salesprofi.de
Fakten und Neuigkeiten zu Verkaufsförderung und Vertrieb

Direktmarketing

www.direktportal.de
Das deutschsprachige Forum der Direktmarketingbranche.

www.onetoone.de

Website der Zeitschrift „One to One" mit reichhaltigen Infos zum Thema One to One-Marketing

Event

www.guxme.de

Das große Eventportal rund um Eventmarketing und Eventtechnik

www.eventmanager.de

Aspekte, Adressen und anderes rund um die Eventkommunikation

Online/Multimedia

www.multimedia.de

Alles Wissenswerte zur Internet-Kommunikation und anderen neuen Medien

Web 2.0/ Kommunikation 2.0

www.flickr.com

Öffentliche Bilddatenbank mit einer endlosen Bilderwelt zum Suchen, Tauschen und Teilen.

www.youtube.com

Offene Videodatenbank mit Clips und Spots von Talent bis Tonne.

www.podcast.de

Deutsches Podcast-Portal für alle Überohren und solche, die es werden wollen

www.myspace.com

Das größte Social Network der Welt, kommt auch nach Deutschland

www.technorati.com

Such- und Kommunikationsplattform der Bloggerszene

www.mister-wong.de

Social Bookmark-Portal, Bookmarks im Netz speichern und mit anderen teilen

www.next10years.com

Web 2.0-Kongress mit allen Vorträgen als Videostream Online

Sponsoring

www.esb-online.com

Marktplatz für Marketingkooperationen im Bereich Sponsoring und Events.

Präsentation

www.presentersuniversity.com

Englischsprachige Site mit viel Wissen und nützlichen Tipps zur Präsentation als „Stunde der Wahrheit"

BusinessVillage – Update your Knowledge!

Faxen Sie dieses Blatt an:
+49 (5 51) 20 99-105

Oder senden Sie Ihre Bestellung an:
BusinessVillage GmbH
Reinhäuser Landstraße 22, 37083 Göttingen
Tel. +49 (5 51) 20 99-100
info@businessvillage.de

BusinessVillage

Ja, ich bestelle:

☐ Exemplar(e)   ☐ Exemplar(e)

Speak Limbic –
Wirkungsvoll präsentieren

Ein Arbeitsbuch, das Präsentierenden, Verkäufern, Textern und Strategen zeigt, wie sie die limbischen Profile ihrer Zielgruppe herausfinden und diese direkt und gezielt ansprechen.

Art.-Nr. 679
79,00 € • 81,50 € [A] • 130,00 CHF

Endlich frustfrei!
Chefs erfolgreich führen

Wie kann ich meinen Chef dazu bringen, das zu tun, was ich will? Diese Frage stellen sich viele Mitarbeiter. Eigentlich ganz einfach! Praxisnah erfahren Sie in diesem Buch, wie Sie Ihren Chef auf Ihre Seite ziehen und ihn für Ihre Ideen und Ziele gewinnen. So klappts endlich mit dem Chef!

Art.-Nr. 596
21,80 € • 22,50 € [A] • 35,90 CHF

(Alle Praxisleitfäden der Edition PRAXIS.WISSEN kosten 21,80 € • 22,50 € [A] • 35,90 CHF)

Menge	Art.-Nr.	Titel	Einzelpreis €/CHF
1	669	>> KOSTENLOS – Erfolgsfaktoren	0,00 €

_____

Firma

_____   _____

Vorname   Name

_____   _____ _____ _____

Straße   Land   PLZ   Ort

_____   _____

Telefon   E-Mail

_____

Datum, Unterschrift